全国船舶工业职业教育教学指导委员会"十三五"规划教材

可编程序控制器应用技术

主　编　赵晓玲　贾小平
主　审　于风卫

哈尔滨工程大学出版社
Harbin Engineering University Press

内 容 简 介

本书内容详尽,深入浅出,在编写过程中参考了部分实船资料,力求理论与实践相结合。全书共分7章,涉及可编程序控制器的产生与发展、工作原理与结构、硬件构成、软件编程、用户程序编程、网络通信,以及可编程序控制器的日常维护和故障排除等内容。

本书可以作为船舶工程技术、海洋工程技术、船舶电子电气技术、轮机工程技术等专业学生的教材,同时也可以作为船舶及海洋工程相关企业、船舶电子电气员、船舶轮机员等的培训教材和技术资料。

图书在版编目(CIP)数据

可编程序控制器应用技术/赵晓玲,贾小平主编. —哈尔滨:
哈尔滨工程大学出版社,2019.9
ISBN 978 - 7 - 5661 - 2249 - 0

Ⅰ.①可… Ⅱ.①赵… ②贾… Ⅲ.①可编程序控制器 -
高等职业教育 - 教材 Ⅳ.①TM571.61

中国版本图书馆 CIP 数据核字(2019)第 215202 号

选题策划 史大伟 薛 力
责任编辑 张 彦 于晓菁
封面设计 李海波

出版发行 哈尔滨工程大学出版社
社 址 哈尔滨市南岗区南通大街 145 号
邮政编码 150001
发行电话 0451 - 82519328
传 真 0451 - 82519699
经 销 新华书店
印 刷 哈尔滨市石桥印务有限公司
开 本 787 mm × 1 092 mm 1/16
印 张 11.75
字 数 310 千字
版 次 2019 年 9 月第 1 版
印 次 2019 年 9 月第 1 次印刷
定 价 31.00 元
http://www.hrbeupress.com
E-mail:heupress@ hrbeu.edu.cn

船舶行指委"十三五"规划教材编委会

前　言

可编程序控制器具有编程简单、灵活，维护、维修方便，以及可靠性高等特点，这使得它在工业控制领域（包括船舶自动控制领域）中的应用越来越普遍。目前，可编程序控制器已被广泛应用于船舶主机遥控系统、集中监视报警系统、船舶电站，以及锅炉控制、分油机控制等重要系统中。随着可编程序控制器网络技术的不断发展，它在船舶自动控制领域将发挥更大的作用。

本书以船舶常用的西门子公司的可编程序控制器产品为例，主要介绍可编程序控制器的基本概念、编程技巧、网络通信，以及使用、维护等知识，可为相关专业学生和技术人员提供参考。

本书第1、2章由青岛远洋船员职业学院赵晓玲编写；第3、4章由青岛远洋船员职业学院孙红英、重庆交通大学盛进路编写；第5、6、7章由广东海洋大学贾小平、浙江国际海运职业技术学院毛攀峰编写。本书由赵晓玲、贾小平担任主编并负责统稿，由青岛远洋船员职业学院于风卫教授担任主审。在本书的编写过程中，于风卫教授提出了许多宝贵的修改意见，在此向其表示衷心的感谢。

由于编者水平有限，书中难免存在不足之处，敬请各位专家和广大读者批评指正。

编　者

2019 年 5 月

目　　录

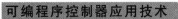

第1章 概　　述

可编程序控制器是一种以微处理器为基础,综合了计算机技术、自动控制技术和通信技术而发展起来的通用的工业自动控制装置。它具有体积小、功能强、灵活、通用与维护方便等优点。特别是其高可靠性和较强的适应恶劣环境的能力,使得它在冶金、化工、交通、电力等工业领域得到了广泛的应用,成为现代工业控制领域的三大支柱之一。

1.1　可编程序控制器的产生及发展

1.1.1　可编程序控制器的产生

在可编程序系统问世前,工业控制领域中继电器控制系统占主导地位。继电器控制系统的明显缺点是体积大、耗电多、可靠性差、寿命短、运行速度慢,尤其是对生产工艺多变的系统适应性差,如果生产任务和工艺发生变化,就必须重新设计并改变其硬件结构,造成时间和资金的严重浪费。

1968 年,美国通用汽车公司为适应生产工艺不断更新和汽车产品不断变化的需要,公开提出汽车生产流水线控制系统的 10 项技术要求,并在社会中公开招标。这 10 项技术要求如下:

(1)编程简单方便,可在现场修改程序。

(2)硬件维护方便,最好是插件式结构。

(3)可靠性高于继电器控制系统。

(4)体积小于继电器控制柜。

(5)可将数据直接发送至管理计算机。

(6)在成本上可与继电器控制设备竞争。

(7)可输入电压为 115 V 的交流电。

(8)输出电压为 115 V、电流为 2 A 以上的交流电,能直接驱动电磁阀。

(9)在扩展时,原有系统只需很小改动。

(10)用户程序存储器容量至少可扩展到 4 KB。

1969 年,美国数字设备公司(DEC)研制出能满足上述 10 项技术要求的可编程序控制器样机,将其安装在美国通用汽车公司(GM)的汽车装配线上,并获得成功应用,由此诞生了世界上第一台可编程序控制器(programmable logic controller,PLC)。

1.1.2　可编程序控制器的发展

可编程序控制器的发展大体可分为以下几个阶段:

1.第一阶段

可编程序控制器初问世时,功能简单,只有逻辑运算、定时、计数等功能;硬件方面以分离元件为主;存储器采用磁芯存储器,存储容量为 1~2 KB;一台 PLC 只能取代 200~300 个继电器,可靠性略高于继电接触器系统;也没有成型的编程语言。

2. 第二阶段

集成电路技术的发展及微处理器的产生使 PLC 技术得到较快的发展。PLC 具有逻辑运算、计时、计数、数值计算、数据处理、计算机接口、模拟量控制等功能。其在软件上开发出自诊断程序,可靠性进一步提高,系统开始向国际化、系列化发展;在结构上开始有模块式和整体式区分;整机功能也从专用型向通用型过渡。

3. 第三阶段

单片计算机的出现、半导体存储器投入工业化生产以及大规模集成电路的使用,推动了 PLC 的进一步发展,使其演变成专用的工业计算机。此时,PLC 的体积进一步缩小,可靠性大幅度提高,成本大幅度下降,增加了通信、远程输入/输出(I/O)等功能。此时的 PLC 朝两个方向发展:一方面为大型化、模块化和多功能;另一方面为整体结构的小型化、低成本。

在这一阶段,PLC 的软件方面出现了面向过程的梯形图及语句表。

4. 第四阶段

计算机技术的飞速发展以及超大规模集成电路、门阵列电路的使用,促使 PLC 完全计算机化,PLC 开始全面使用 8 位或 16 位微处理器芯片,其处理速度也达到 1 微秒/步。此时,PLC 在功能上增加了高速计数、中断、A/D 转换、D/A 转换及 PID 等,可满足过程控制的要求,同时其联网能力也有所增强。在软件方面,PLC 在梯形图和语句表基本标准化的基础上,又创立了顺序流程图(SFC)语言,并开发了基于个人计算机的编程软件。

在此期间,国际电工委员会(IEC)发表了 PLC 标准草案,PLC 开始向标准化、系列化发展。

5. 第五阶段

精简指令集计算机(RISC)芯片在计算机行业大量使用,表面粘装技术和工艺已成熟,这些使 PLC 整机的体积大大缩小,PLC 开始大量使用 16 位和 32 位微处理器芯片,有的 PLC 已使用 RISC 芯片。中央处理模块(CPU)芯片也向专用化发展,系统程序中的逻辑运算等标准化功能已用超大规模门阵列电路固化。最小的 PLC 只有 8 个 I/O 点;最大的 PLC 有 32 K 个以上的 I/O 点。PLC 都可以与计算机进行联网通信,PLC 处理一步程序最快仅需几十纳秒。其在软件上使用容错技术;在硬件上使用多 CPU 技术。二百步以上的高级指令的出现使 PLC 具有强大的数值运算、函数运算和大批量数据处理能力,并开发出各种智能化模块。以液晶显示器(LCD)为显示设备的人机智能接口得到普遍应用,高级 PLC 已开始使用触摸式屏幕。PLC 在编程中大量使用个人电脑、笔记本电脑作为编程器,编程软件功能强大。

1.1.3　可编程序控制器的发展趋势

随着微处理器技术的发展,可编程序控制器也得到了迅速发展,其技术和产品日趋完善。它不仅以其良好的性能满足了工业生产的广泛需要,而且将通信技术和信息处理技术融为一体,其功能也日趋完善。今后,它一方面将朝超小型、专用化和低价格方向发展;另一方面将向高速多功能和分布式自动化网络方向发展。

1. CPU 处理速度进一步加快

目前,PLC 的 CPU 与微型计算机的 CPU 相比还比较落后,最高配置也仅为 80486 级。将来,PLC 会全部使用 64 位 RISC 芯片,实现多 CPU 并行处理、分时处理或分任务处理,以及各种模块智能化,且用门阵列电路固化部分系统程序。这样,PLC 执行指令的速度将达到纳秒级。

2.控制系统分散化

根据分散控制、集中管理的原则,PLC 控制系统的 I/O 模块将直接被安装在控制现场,通过通信电缆或光纤与主 CPU 进行数据通信。这样可以使控制更有效,系统更可靠。

3.可靠性进一步提高

随着 PLC 进入过程控制领域,对于 PLC 可靠性的要求进一步提高。硬件冗余的容错技术将进一步得到应用,不仅会有 CPU 单元冗余、通信单元冗余、电源单元冗余、I/O 单元冗余,而且整个系统都会实现冗余。

4.控制与管理功能一体化

为了满足现代化大生产的控制与管理的需要,PLC 将广泛采用计算机信息处理技术、网络通信技术和图形显示技术,使 PLC 系统的生产控制功能和信息管理功能融为一体。

1.2 可编程序控制器的定义及特点

1.2.1 可编程序控制器的定义

由于 PLC 在不断发展,因此对它下一个确切的定义是困难的。

1980 年,美国电气制造商协会(National Electric Manufacturer Association,NEMA)对 PLC 做了如下定义:PLC 是一种数字式的电子装置,它使用可编程序的存储器来存储指令,实现逻辑运算、计数、计时和算术运算等功能,从而对各种机械或生产过程进行控制。

1982 年,国际电工委员会颁布了 PLC 标准草案,于 1985 年提交了第二版,1987 年的第三版对 PLC 做了如下定义:PLC 是一种专门为在工业环境下应用而设计的数字运算操作的电子装置;它采用可以编制程序的存储器在其内部存储执行逻辑运算、顺序运算、计时、计数和算术运算等操作的指令,并能通过数字式或模拟式的输入和输出控制各种类型的机械或生产过程;对于 PLC 及其有关的外围设备,都应按照易于与工业控制系统形成一个整体、易于扩展其功能的原则而设计。

上述的定义表明:PLC 是一种能直接应用于工业环境的数字电子装置,它有与其他顺序控制装置不同的特点。

1.2.2 可编程序控制器的特点

1.软、硬件功能强大

PLC 的功能非常强大,其内部具有很多设备(如时序、计算器、主控继电器、移位寄存器及中间寄存器等),能够方便地实现延时、锁存、比较、跳转和强制 I/O 等功能。PLC 不仅可以进行逻辑运算、算术运算、数据转换和顺序控制,还可以实现模拟运算、显示、监控、打印及报表生成等功能,并具有完善的输入/输出系统。PLC 能够适应各种形式的开关量和模拟量的输入、输出控制,还可以和其他计算机系统、控制设备共同组成分布式控制系统,实现成组数据传送、矩阵运算、闭环控制、排序与查表、函数运算及快速中断等功能。PLC 的编程语言丰富,包括梯形图、语句表和控制系统流程图等。其中,梯形图直观、方便,类似于继电接触器电路图,很适合电气工程技术人员使用。

2. 使用、维护方便

运用 PLC 时,不需要像计算机控制系统那样在输入/输出接口上做大量的工作。PLC 输入/输出接口已经按不同需求做好,可直接与控制现场的设备相连接。例如,输入接口可以与各种开关、传感器连接;输出接口具有较强的驱动能力,可以直接与继电器、接触器、电磁阀等连接。不论是输入接口还是输出接口,使用都很简单。PLC 具有很强的监控功能,利用编程器、监视器或触摸屏等人机界面可对 PLC 的运行状态、内部数据进行监视或修改,从而增加调试工作的透明度。对 PLC 控制系统的维护也非常简单,只要利用其自诊断功能和监控功能,就可以迅速查找到故障并及时排除。

3. 运行稳定可靠

由于 PLC 采用了微电子技术,大量的开关动作由无触点的半导体电路来完成,同时还采取了屏蔽、滤波、隔离等抗干扰措施,因此其平均无故障运行时间在两万小时以上。此外,PLC 在制造工艺上加强了抗干扰措施,如输入/输出都采用光电隔离,能有效地隔离 PLC 内部电路与输入/输出电路之间的联系,从而避免由输入/输出通道串入的干扰信号引起的误动作。PLC 还采取了屏蔽、输入延时滤波等软、硬件措施,有效地防止了空间电磁干扰,特别是对高频传导干扰信号具有良好的抑制作用。这些措施都有效地保证了 PLC 在恶劣环境下能正常稳定地运行。

PLC 的接线十分简单,只需将输入设备(按钮、开关等)与 PLC 输入端子连接,将接收输出信号执行控制功能的执行元件(接触器、电磁阀等)与 PLC 输出端子连接即可,工作量相对少得多。

1.3　可编程序控制器的分类

PLC 的种类很多,不同种类的 PLC 在实现的功能、内存容量、控制规模、外形等方面均存在较大差异。因此,PLC 的分类没有严格的统一标准,可以按照结构形式、控制规模等进行大致的分类。

1.3.1　按结构形式分类

PLC 按照其硬件的结构形式可以分为整体式和组合式。整体式 PLC 的外观是一个箱体,又称箱体式 PLC。组合式 PLC 在硬件构成上具有较大的灵活性,其硬件由各种模块组成,可进行组合以构成不同控制规模和功能的 PLC,也称模块式 PLC。

1. 整体式 PLC

整体式 PLC 的 CPU、存储器、输入/输出模块都安装在同一机体内,如西门子(SIEMENS)公司的 S5-90U、S7-200 等产品,欧姆龙(OMRON)公司的 C20P、C40P 等产品,以及松下电工的 FP0、FP1 等产品。这种结构的特点是结构简单,体积小,价格低,输入/输出点数固定,实现的功能和控制规模固定,但灵活性较低。

2. 组合式 PLC

组合式 PLC 采用总线结构,即在一块总线底板上有若干个总线槽(或采用总线连接器),每个总线槽上安装一个或数个模块,不同模块实现不同功能。PLC 的 CPU 和存储器被设计在一个模块上,有时电源也放在这个模块上,该模块一般被称为 CPU 模块,在总线上的位置是固定的。此外还有输入/输出、智能、通信等模块,根据控制规模、实现功能的不同进行选择,并分布在总线槽中。组合式 PLC 的特点是系统构成的灵活性较高,可构成不同控制规模和功能的 PLC,维护、维修方便,但价格相对较高。

1.3.2 按控制规模分类

PLC 的控制规模主要是指开关量的输入/输出(I/O)点数及模拟量的输入/输出路数,但主要以开关量的输入/输出点数计数。模拟量的路数可折算成开关量的点数,一般 1 路模拟量相当于 8 ~ 16 点开关量。根据 I/O 控制点数的不同,PLC 大致可分为超小型、小型、中型、大型及超大型,具体划分见表 1 – 1。

表 1 – 1 PLC 按控制规模分类表

类型	I/O 点数	存储器容量/KB	机型
超小型	64 以下	1 ~ 2	西门子 S7 – 200、S5 – 90U,三菱 F10,等等
小型	64 ~ 128	2 ~ 4	西门子 S5 – 100U,三菱 F – 40、F – 60,等等
中型	128 ~ 512	4 ~ 16	西门子 S7 – 300、S5 – 115U,三菱 K 系列,等等
大型	512 ~ 8 192	16 ~ 64	西门子 S5 – 135U、S7 – 400,三菱 A 系列,等等
超大型	大于 8 192	64 ~ 128	西门子 S5 – 155U,阿兰德 – 布兰德利公司 PLC – 3,等等

目前,世界上生产 PLC 的厂家较多,较有影响的有德国西门子(SIEMENS)公司、美国罗克韦尔(ROCKWELL)公司,以及日本欧姆龙(OMRON)公司、三菱集团、松下电工等数十家公司。

德国西门子公司生产的机型有两大类:S5 系列及 S7 系列。其中,S7 系列为 S5 系列的改进型。S5 系列机型包括 S5 – 90U、S5 – 95U、S5 – 115U、S5 – 135U 和 S5 – 155U。其中,S5 – 155U 为超大型机,控制点数超过 6 000 点,模拟量达 300 余路。近期推出的 S7 系列包括 S7 – 200、S7 – 300 和 S7 – 400。

日本欧姆龙公司的产品有 CMP1A 型、CMP2A 型、P 型、H 型、CQM1 型、CV 型、CS1 型等,其中大型、中型、小型、超小型各具特色。

美国罗克韦尔公司兼并阿兰德 – 布兰德利(A – B)公司,生产 PLC – 5 系列及 SLC – 500 型机。

日本三菱集团早期的小型机产品 F1 在国内使用较多,后来它又推出 FX2 机,中大型机为 A 系列。

1.4 可编程序控制器的功能

1.4.1 开关量的开环控制

开关量的开环控制是 PLC 最基本的控制功能,包括时序、组合、延时、计数、计时等。PLC 控制的输入/输出点数可以不受限制,少则几十点,多则成千上万点,且可通过联网来实现控制。

1.4.2 模拟量的闭环控制

对于模拟量的闭环控制系统,除了要有开关量的输入/输出点以实现某种顺序或逻辑控制外,还要有模拟量的输入/输出点,以便采样输入和调节输出,实现过程控制中的 PID 调节或模糊控制调节,形成闭环系统。这类 PLC 系统能实现对温度、流量、压力、位移、速度等参量的连续调节与控制。目前除大型、中型 PLC 具有此功能外,一些公司的小型机也具有这种功能,如 OMRON 公司的 CQM1 机和松下电工的 FP1 机就具有这样的功能。

1.4.3 数字量的智能控制

利用 PLC 能接收和输出高速脉冲,这种功能在实际工作中用途很广。在配备相应的传感器(如旋转编码器)或脉冲伺服装置(如环形分配器、功率放大器、步进电机)后,PLC 控制系统就能实现数字量的智能控制。较高级的 PLC 还专门开发了数字控制模块、运动单元模块等,可实现曲线插补功能。最近新出现的运动控制单元还提供了数字控制技术的编程语言,为 PLC 进行数字量控制提供了更多便利。

1.4.4 数字采集与监控

由于 PLC 在控制现场实现控制,因此把控制现场的数据采集下来做进一步分析、研究是很重要的。对于这种应用,目前较普遍采用的方法是 PLC 加上触摸屏,这样既可随时观察采集到的数据,又能及时进行统计、分析。有的 PLC 本身就具有数据记录单元,如 OMRON 公司的 C200Hα。此时可将一般的便携计算机的存储卡插入该单元中以保存采集到的数据。

PLC 的另一个特点是自检信号多。利用这个特点,PLC 控制系统可实现自诊断式的监控,以减少系统的故障,提高平均累计无故障运行时间;同时还可减少故障修复时间,提高系统的可靠性。

1.4.5 联网、通信及集散控制

PLC 的联网、通信能力很强,可实现 PLC 与 PLC、PLC 与上位计算机之间的联网和通信,由上位计算机来实现对 PLC 的管理和编程。PLC 也能与智能仪表、智能执行装置(如变频器等)进行联网和通信,互相交换数据并实现 PLC 对其的控制。

利用 PLC 强大的联网、通信功能,可把 PLC 分布到控制现场,实现各 PLC 控制站间的通信以及上、下层间的通信,从而实现分散控制、集中管理。

1.5 可编程序控制器的结构

可编程序控制器实质上是一种专用的计算机控制系统,它具有比一般计算机更强的与工业过程相连的接口,具有更适用于控制要求的编程语言。所以,可编程序控制器与一般的计算机控制系统一样,也具有中央处理模块(CPU)、存储器、输入/输出(I/O)模块等部分。PLC 结构框图如图 1-1 所示。

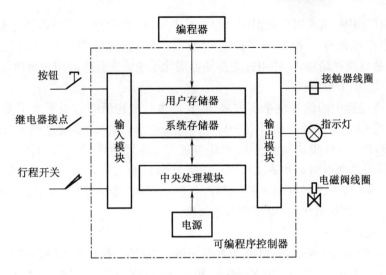

图1-1 PLC结构框图

1. 中央处理模块(CPU)

可编程序控制器中常用的 CPU 主要采用通用微处理器(如 Intel 8080、Intel 8086、Intel 80286、Intel 80386 等)、单片机(如 Intel 8031、Intel 8096 等)和位片式微处理器(如 AM 2900、AM 2901、AM 2903 等)。可编程序控制器的档次越高,CPU 的位数越多,运算速度越快,功能指令也越强。

PLC 的硬件是一种模块式的结构,它的核心部件是中央处理模块。整个可编程序控制器的工作过程都是在 CPU 的统一指挥和协调下进行的。它的主要任务是按一定的规律或要求读入被控对象的各种工作状态,然后根据用户所编制的应用程序的要求去处理有关数据,最后向被控对象发出相应的控制信号。它与被控对象之间的联系是通过各种 I/O 接口实现的。

可编程序控制器中的中央处理模块与一般计算机系统中的 CPU 的概念不同,后者常用 CPU 表示一个中央处理器,即它是一块集成芯片。而在一个中型或大型可编程序控制器的中央处理模块里,不仅有 CPU 集成芯片(可能不止一块),而且还有一定数量的 EPROM(存储系统的操作系统)和 RAM(存储少量的数据或用户程序)。

可编程序控制器的 CPU 模块完成下述各项工作:

(1)接收用户从编程器输入的用户程序,并将它们存入用户存储区。

(2)用扫描方式接收来自被控对象的状态信号,并存入相应的数据区(输入映象区)。

(3)检查用户程序的语法错误,并给出错误信息。

(4)监测系统状态及电源系统。

(5)执行用户程序,完成各种数据的处理、传输和存储等。

(6)根据数据处理的结果刷新输出状态表,以实现对各种外部设备的实时控制并完成其他辅助工作(如显示和打印等)。

2. 存储器

可编程序控制器的存储器分为两种:系统存储器和用户存储器。系统存储器存储系统管理程序;用户存储器存储用户程序。

常用的存储器有 RAM、EPROM 和 EEPROM。RAM 是一种可进行读写操作的随机存储器,可存放用户程序,生成用户数据区。存放在 RAM 中的用户程序可以被方便地修改。为防止 RAM 中存放的程序和数据在掉电时丢失,可将锂电池作为后备电源。EPROM 和 EEPROM 都是只读存储器,往往用这类存储器固化系统管理程序和用户程序。

3.输入/输出(I/O)模块

实际生产过程中的信号电平多种多样,外部执行机构所需的电平也千差万别,而可编程序控制器的 CPU 所处理的信号电平只能是标准电平,因此需要通过输入/输出模块实现这些电平的转换。I/O 模块实际上是 PLC 与被控对象间传递输入/输出信号的接口部件。I/O 模块有良好的光电隔离和滤波作用。连接至 PLC 输入接口的输入器件包括各种开关、按钮、传感器等。PLC 的各种输出控制器件包括电磁阀、接触器、继电器,而继电器有交流型和直流型、高压型和低压型、电压型和电流型之分。

(1)输入接口电路

各种 PLC 的输入电路大都相同,通常有三种类型:第一种是直流(12 ~ 24 V)输入;第二种是交流(100 ~ 120 V、200 ~ 240 V)输入;第三种是交直流(12 ~ 24 V)输入。外界输入器件可以是无源触点或者有源传感器的集电极开路的晶体管,这些外部输入器件是通过 PLC 输入端子与 PLC 相连的。

PLC 输入电路由光电耦合器隔离,并设有 RC 滤波器,可以消除输入触点的抖动和外部噪声干扰。当输入开关闭合时,一次电路中流过电流,输入指示灯亮,光电耦合器被激活,三极管从截止状态变为饱和导通状态,这是一个数据输入过程。图 1 − 2 是一个直流输入端内部接线图。

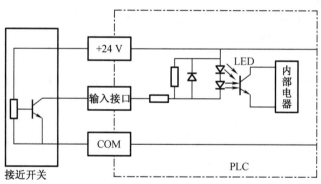

图 1 − 2　直流输入端内部接线图

(2)输出接口电路

PLC 的输出有三种形式:继电器输出、晶体管输出和晶闸管输出。图 1 − 3 至图 1 − 5 为这三种输出形式的电路图。

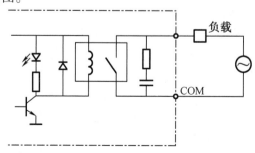

图 1 − 3　继电器输出电路图

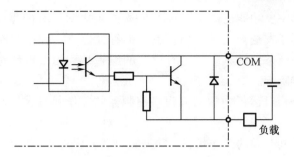

图1-4 晶体管输出电路图

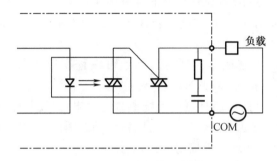

图1-5 晶闸管输出电路图

继电器输出型最常见。当CPU有输出时,接通或断开输出电路中继电器的线圈,继电器的接点闭合或断开,通过该接点控制外部负载电路的通断。显然,继电器输出利用继电器的接点和线圈将PLC的内部电路与外部负载进行电气隔离。晶体管输出型通过光耦合使晶体管截止或饱和以控制外部负载电路,并同时对PLC内部电路和输出晶体管电路进行电气隔离。晶闸管输出型采用光触发型双向晶闸管。这三种形式以继电器输出型响应最慢。

输出电路的负载电源由外部提供,负载电流一般不超过2 A。在实际应用中,输出电流额定值与负载性质有关。

通常,PLC的制造厂商为用户提供多种用途的I/O模块。其分类依据从数据类型上看有开关量和模拟量;从电压等级上看有直流和交流;从速度上看有低速和高速;从点数上看有多种类型;从距离上看有本地和远程。远程I/O模块通过电缆与CPU单元连接,可放在距CPU数百米远的地方。

4.电源

可编程序控制器的电源有的选用市电,也有很大一部分选用24 V直流电。PLC内有一个稳压电源对PLC的CPU和I/O模块供电。小型的PLC电源往往和CPU合为一体;中大型PLC都有专门的电源模块。此外,根据规模及所允许扩展的接口板数,各种可编程序控制器的电源种类和容量往往是不同的,用户使用和维修PLC时应该注意这一点。

5.编程器

编程器是PLC的最重要的外围设备,分为简易型和智能型。小型PLC常使用简易型编程器;大中型PLC多使用智能型编程器。目前,还有一种经常采用的方法:在个人计算机上接入适当硬件,安装软件包,即可用个人计算机对PLC进行编程。

编程器的工作方式有两种,即编程工作方式和监控工作方式。

编程工作方式的主要功能是输入新的控制程序,或者对已有的程序进行编辑。所谓输入程序就是将指令逐条发送至可编程序控制器的存储器中。程序的输入可以按图形的形式输入或者将指令一条条地输入。对已有程序的编辑是利用编辑键对需修改的内容进行增添、更改、插入或删除等。

监控工作方式是指对运行中的可编程序控制器的工作状态进行监视和跟踪。一般可以对某一线圈或触点的工作状态进行监视,也可以对成组的工作状态进行监视,当然还可以跟踪某一器件在不同时间的工作状态。除搜索、监视、跟踪外,还可以对一些器件进行操作。这一切都是在控制器处于运行状态时进行的。所以,编程器的监控工作方式对可编程序控制器中新输入程序的调试与试运行是非常有用和方便的。

以上是 PLC 的重要组成部分,除此之外,PLC 往往还包括以下部分,可在需要时选用。

6. 通信接口

通过通信接口可以与监视器、打印机、其他可编程序控制器和计算机等相连,实现"人 – 机 – 过程"或"机 – 机"之间的对话。

它与打印机相连时,可将过程信息、系统参数等输出打印;与监视器相连时,可将过程图像显示出来,它既可以显示静态图像,也可以显示动态图像;与其他可编程序控制器相连时,可组成多级控制系统,实现过程控制、数据采集等功能。

使用通信接口可进一步加强可编程序控制器与外围设备的连接能力,从而丰富可编程序控制器的各种功能。

7. 智能 I/O 接口

为满足更加复杂的控制功能的需要,可编程序控制器配有许多智能 I/O 接口。为满足模拟量闭环控制的需要,其配有闭环控制模块;为对频率超过 100 Hz 的脉冲进行计数和处理,其配有高速计数模块。此外,还有其他一些智能模块。这些智能模块都带有自己的处理器系统。

使用智能 I/O 接口,可编程序控制器不仅可用于顺序控制,还可用于闭环控制等复杂的控制场合。

可编程序控制器的总线多为基板形式。电源模块、CPU、各种输入/输出模块都可插入这个基板上的相应位置,基板上各相应位置之间通过印刷电路板实现电气连接。

1.6 可编程序控制器的工作原理

1.6.1 I/O 映象区

在介绍可编程序控制器的工作原理之前,我们必须先了解输入映象区和输出映象区的概念。

在可编程序控制器系统中,决定被控制变量状态的逻辑关系组成因素多来自生产系统现场。在执行程序之前将现场全部有关信息采集到可编程序控制器中,存放在系统准备好的一定区域——随机存储器 RAM 的某一地址区,即输入映象区。执行用户程序所需现场信息都从输入映象区取用,而不直接到外设去取。由于这种方式集中采集现场信息,虽然从理论上分析,每个信息被采集的时间仍有先后差异,但差异很小,因此可以认为信息是被同时采集的。同样,对被控制对象的控制信息,也不采用"形成一个就输出改变一个"的控制方法,而是先把它们存放在随机存储器 RAM 的某一特定区域——输出映象区,当用户程序执行结束后,将所存被控对象的控制信息集中输出,改变被控对象的状态。上述输入映象区、输出映象区集中在一起就是输入/输出(I/O)映象区。映象区的大小由系统输入、输出信息的多少(输入、输出点数)而定。

I/O 映象区的建立使系统工作变成一个采样控制系统,我们称之为数字采样控制系统。虽然它不像硬件逻辑系统那样能随时反映控制器件工作状态变化对系统的控制作用,但在采样时基本符合实际工作状态。只要采样周期 T 足够小,采样频率足够高,我们就可以认为这样的采样系统足够符合实际系统的工作状态。

I/O 映象区的建立使可编程序控制器工作时只和内存有关地址单元内所存信息状态发生关系,而系统输出也只给内存某一地址单元设定一个状态,因此这时的控制系统已经远离了实际控制对象,这一点为系统的标准化生产、大规模生产创造了条件。

1.6.2 可编程序控制器的工作原理

可编程序控制器采用循环扫描的工作方式。其工作过程主要分为输入采样、程序执行、输出刷新,一直循环扫描工作,工作过程如图 1-6 所示。

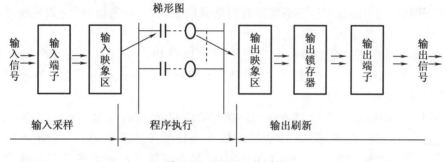

图 1-6 PLC 工作过程

1. 输入采样

输入采样又称输入扫描。在这个过程中,可编程序控制器按扫描方式读入该可编程序控制器所有端子上的输入信号(可能有的端子上并没有接输入信号,也将其读入),并将这些输入信号存入输入映象区。在本工作周期的执行和输出过程中,输入映象区内的内容不会随实际信号的变化而变化。

由此可见,一般输入映象区中的内容只有在输入扫描阶段才会被刷新。但在有些可编程序控制器中,该区内的内容在程序执行过程中也可以每隔一定的时间被刷新一次,以获得更为实时的数据。

可编程序控制器在输入扫描过程中一般都以固定的顺序(如从最小号到最大号)进行扫描,但在一些可编程序控制器中可由用户确定可变的扫描顺序。例如,在一个具有大量输入端口的可编程序控制器系统中,可将输入端口分成若干组,每次扫描仅输入其中一组或几组端口的信号,以减少用户程序的执行时间(即缩短扫描周期),这样做的不良后果是输入信号的实时性较差。

2. 程序执行

程序执行又称执行扫描。在执行用户程序的扫描过程中,可编程序控制器根据以梯形图方式(或其他方式)编写的程序按从上到下、从左到右的顺序对用户逐一扫描各指令,再从输入映象区获取相应的原始数据或从输出映象区读取有关数据,再做由程序确定的逻辑运算或其他数字运算,然后将运算结果存入指定的输出映象区有关单元,但这个结果在整个程序未执行完毕前不会被送到输出端子。

3. 输出刷新

输出刷新又称输出扫描。在执行完用户所有程序后,可编程序控制器将输出映象区中的内容同时发送至输出锁存器(称输出刷新),然后由锁存器经功率放大后驱动继电器的线圈,最后使输出端子上的信号变为本次工作周期运行结果的实际输出。

上述三个过程构成了可编程序控制器工作的一个工作周期。可编程序控制器按扫描方式循环工作,完成对被控对象的控制。但严格来说,可编程序控制器的一个工作周期还包括以下四个过程,这四个过程都是在输入扫描之后进行的。

①系统自监测:检查看门狗(watchdog)是否超时(即检查程序执行是否正确),如果超时则停止用户程序的执行。

②与编程器交换信息:这只有在使用编程器输入和调试程序时才执行。

③与数字处理器交换信息:这只有在可编程序控制器中配置专用的数字处理器时才执行。

④网络通信:当可编程序控制器配置有网络通信模块时,与通信对象(如其他可编程序控制器或计算机等)做数据交换。

循环扫描的工作方式是 PLC 的一大特点,也可以说 PLC 是"串行"工作的,这和传统的继电器控制系统"并行"工作有质的区别。PLC 的串行工作方式避免了继电器控制系统中触点竞争和时序失配的问题。

由于 PLC 是扫描工作过程,因此在程序执行阶段,即使输入发生了变化,输入映象区的内容也不会发生变化,要等到下一个周期的输入处理阶段才能改变。一个循环周期结束后,CPU 集中将这些暂存在输出映象区的输出信号全部输送给输出锁存器。由此可以看出,全部输入/输出状态的改变需要一个扫描周期。换言之,输入/输出的状态可以保持一个扫描周期。

扫描周期是 PLC 的一个很重要的指标,小型 PLC 的扫描周期一般为十几毫秒到几十毫秒。PLC 的扫描时间取决于扫描速度快慢和用户程序长短。毫秒级的扫描时间对于工业设备通常是可以接受的,PLC 的影响滞后是允许的,但是对于某些 I/O 快速响应的设备,则应采取相应的处理措施。例如,选用高速 CPU 提高扫描速度,以及采用快速响应模块、高速计数模块和不同的中断处理等措施减少滞后时间。造成 I/O 滞后的主要因素有输入滤波器的惯性、输出继电器接点的惯性、程序执行的时间、程序设计不当的附加影响等。对用户来说,选择一个 PLC,合理地编制程序是缩短响应时间的关键。

1.7　可编程序控制器的编程语言

PLC 是一种工业控制计算机,不光有硬件,软件也必不可少。PLC 图形式的编程语言(如梯形图编程语言)是一种很典型的编程语言形式,另外还有汇编语言形式的指令语句表编程语言等,具体到细节,不同厂家甚至相同厂家的不同型号的 PLC 的编程软件都有所不同。

图形式编程语言形象直观,如梯形图编程语言类似电气控制系统中继电器控制电路图,逻辑关系明显;指令语句表编程语言则键入方便。

梯形图编程语言(LAD)习惯上简称梯形图,沿袭了继电器控制电路的形式,是在电气控制系统中常用的继电器、接触器逻辑控制基础上简化了符号演变而成的。梯形图形象、直观、实用,容易被电气技术人员接受,是目前用得最多的一种 PLC 编程语言。

继电器接触器电气控制电路图和 PLC 梯形图如图1-7所示。由图1-7可知,两种控制电路图逻辑含义是一样的,但具体表达方法有本质区别。PLC 梯形图中的继电器、定时器、计数器不是物理器件,而是存储器中的存储位。相应位为"1"状态,表示继电器线圈通电或常开接点闭合或常闭接点断开。

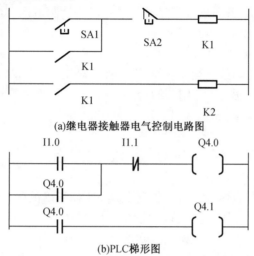

(a)继电器接触器电气控制电路图

(b)PLC梯形图

图1-7 继电器接触器电气控制电路图和 PLC 梯形图

PLC 的梯形图是形象化编程语言,梯形图左、右两端的母线是不接任何电源的。梯形图中并没有真实的物理电流流动,而仅仅是概念电流,或称为假想电流。把 PLC 梯形图中左端的母线假想成电源相线,而把右端的母线假想为电源地线;假想电流只能从左向右流动;假想电流是执行用户程序时满足输出执行条件的形象理解。

语句表编程语言(STL)为计算机汇编语言,采用助记符编程方式,用一系列操作指令组成的语句表将控制流程描述出来,并通过编程器发送至 PLC。需要指出的是,不同厂家的 PLC 指令语句表使用的助记符并不相同。

指令语句表是由若干条语句组成的程序。语句是程序的最小独立单元,每个操作功能由一条或几条语句来执行。PLC 的语句表达形式与微机的语句表达形式相似,也是由操作码和操作数两部分组成的。操作码用助记符表示(如 A 表示"与",O 表示"或",等等),用来说明要执行的功能,告诉 CPU 该进行的操作,如逻辑运算的与、或、非,算术运算的加、减、乘、除,时间或条件控制中的计时、计数,等等。

操作数一般由标识符和参数组成。标识符表示操作数的类别,如输入量、输出量、定时器、计数器等。参数表明操作数的地址或一个预先设定值。

第2章 西门子S7系列可编程序控制器硬件

在国际上,PLC发展迅猛,市场竞争十分激烈。1995年底,德国西门子公司在S5系列PLC基础上推出了性价比更高的微、小型的S7-200系列和S7-300系列PLC。1996年,其又推出了中高档的S7-400系列PLC、自带人机界面的C7系列PLC,以及与AT计算机兼容的M7系列PLC。S7-200系列是由西门子美国公司设计制造的,其支撑软件是独立的,称为STEP 7 Micro/WIN。而S7-300系列和S7-400系列是由西门子德国公司设计制造的,其支撑软件与S5系列PLC的STEP 5相似,称为STEP 7。S7-300系列属于中小型PLC,具有很强的模拟量处理能力和数字运算功能,用户程序存储容量达24 KB,具有许多过去大型PLC才具有的功能。其扫描速度为1 000条指令0.3 ms,超过了许多大型PLC。本书以S7-300系列PLC为例,介绍S7系列PLC。

2.1 S7-300系列PLC系统结构

S7-300系列PLC功能强、速度快、扩展灵活,具有紧凑的无槽位限制的模块化结构。以SIMATIC S7-300为例,其系统结构如图2-1所示。S7-300系列PLC主要由导轨(RACK)、电源模块(PS)、中央处理模块(CPU)、接口模块(IM)、信号模块(SM,也称I/O模块)、功能模块(FM)、通信智能模块(CP)等组成。通过MPI网络的接口直接与编程器(PG)、操作面板(OP)和其他S7系列PLC连接。

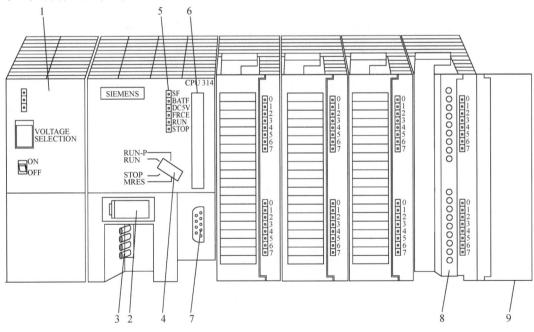

1—负载电源(选项);2—后备电池(CPU 313以上);3—DC24 V连接;4—模式开关;5—状态和故障指示灯;
6—存储器卡(CPU 313以上);7—MPI多点接口;8—前连接器;9—前门。

图2-1 SIMATIC S7-300PLC系统结构

2.1.1　中央处理模块

中央处理模块(CPU)主要用来执行用户程序,同时还为系统背板总线提供5 V直流电源,并通过MPI多点接口与其他CPU或编程装置通信。CPU只能安置在零号机架上。它有多种型号。S7 - 300系列可选择的CPU型号有CPU 312IFM、CPU 313、CPU 314、CPU 314IFM、CPU 315/315 - 2DP、CPU 316 - 2DP、CPU 318 - 2DP等。CPU 312IFM、CPU 314IFM是带有集成的数字量和模拟量输入、输出的紧凑型CPU,用于要求快速反应和特殊功能的装备;CPU 313、CPU 314、CPU 315不带集成的I/O端口,其存储容量、指令执行速率、可扩展的I/O点数、计数器和定时器数量、软件块数量等随序号的递增而增加;CPU 315 - 2DP、CPU 316 - 2DP、CPU 318 - 2DP都具有现场总线扩展功能。CPU以梯形图编程语言(LAD)、功能块图编程语言(FBD)或语句表编程语言(STL)进行编程。表2 - 1介绍了常用CPU的主要特性。

1. CPU模式选择、指示与测试

(1)CPU模式选择

S7 - 300 CPU如前所述有多种型号规格,但所有CPU的模式选择器和LED是相同的,它们的目的和功能亦是相同的。它们的不同之处在于模式选择器和LED的位置及其数量。图2 - 2为CPU 314模块的外观图。

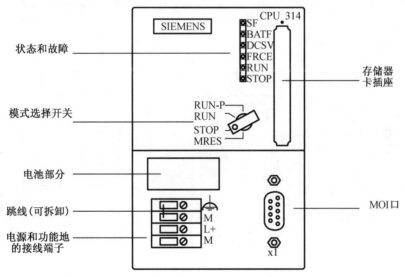

图2 - 2　CPU 314模板的外观图

通过模式选择器和LED,用户可以控制CPU的工作状态以及观察到CPU的运行状态和故障。

模式选择器的位置及其代表的意义如图2 - 3所示。

表 2-1　常用 CPU 的主要特性

特性 \ 型号		312IFM	313	314	314IFM	315	315-2DP	316
负载存储器	RAM（集成）	6 KB	12 KB	24 KB	32 KB	48 KB	64 KB	128 KB
	集成	20 KB RAM	20 KB RAM	40 KB RAM	48 KB RAM	80 KB RAM	96 KB RAM	80 KB RAM
	用存储器卡扩展	20 KB EEPROM	最大 512 KB	最大 512 KB	48 KB EEPROM	最大 512 KB	最大 512 KB	最大 512 KB
每 1 K 二进制指令的执行速率		约 0.7 ms		约 0.3 ms				
数字量输入/输出		输入：128+10（本机） 输出：128+6（本机）	128	512	输入：496+20（本机） 输出：496+16（本机）	1 024		
模拟量输入/输出		32		64	输入：62+4（本机） 输出：62+1（本机）	128		
过程映象输入/输出		32 B+4 B（本机）	128 B	128 B	124 B+4 B（本机）	128 B		
DP 地址区							2 KB I/O（装载和传送指令最多为 1 023 B）	
存储器位		1 024				2 048		
计数器		32				64		
定时器		64				128		
可保持数据的总数		72 B	4 736 B	4 736 B	144 B	4 736 B		

表 2 – 1(续)

型号 特性	312IFM	313	314	314IFM	315	315 – 2DP	316
时钟存储器	在用户程序中可用作时钟的存储器。数量:8(1个存储器字节);1个存储器字节可选择的地址						
本地数据	总计512 B;每优先级256 B			总计1 536 B;每优先级256 B			
嵌套深度	每优先级8层;			在同步出错OB块内再加上4层			
时钟	软件时钟				硬件时钟		
运行时间计数器				1			
MPI接口 波特率			19.2 K 和 187.5 K 波特				
最多的节点数			32(有中继器时为127)				
有保证的PG连接	1	1			1		
有保证的OP连接	1	1			1		
没有特指用于 PC/OP 程序控制通信的连接	2	2			2		
确保连接,用于程序控制的通信	2	4			8		
通过MPI的通信 全局数据循环			4				
发送信息包			每GD循环一个信息包①				
接收信息包			每GD循环一个信息包①				
每信息包的数据量	最多22 B				8 B		
每信息包的一致性数据							
PROFIBUS – DP接口 波特率						最大 12 M 波特	
最多的节点数						64个 DP 从站	

注:①当一个GD循环中有两个或两个以上节点时,只有一个为发送或接收信息包。

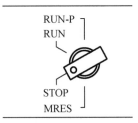

图 2 – 3　模式选择器的位置及其代表的意义

对于模式选择器的位置,按照它们在 CPU 中出现的次序依次说明如下:

①RUN – P

含义:运行 – 编程(RUN – PROGRAM)模式。

说明:CPU 扫描用户程序;模式选择器在这个位置时,钥匙不能被取出;程序能用编程器从 CPU 中读出(CPU→PG),也可装载到 CPU(PG→CPU)。

②RUN

含义:运行(RUN)模式。

说明:CPU 扫描用户程序;模式选择器在这个位置时,钥匙可被取出,以避免任何人改变运行模式;CPU 中的程序可通过 PG 读出(CPU→PG);在运行模式下不能改变负载存储器中的程序。

③STOP

含义:停止(STOP)模式。

说明:CPU 不能扫描用户程序;模式选择器在这个位置时,钥匙可被取出,以避免任何人改变运行模式;程序能用编程器从 CPU 中读出(CPU→PG),也可装载到 CPU(PG→CPU)。

④MRES

含义:复位存储器。

说明:模式选择器的暂时接触位置,以复位 CPU 存储器。当用模式选择器复位 CPU 存储器时,必须遵守特定的顺序。

对于 CPU 312IFM、CPU 314IFM,当复位 CPU 存储器时,负载存储器中的内容仍保留。

(2)状态和故障指示

状态和故障 LED 如图 2 – 4 所示。

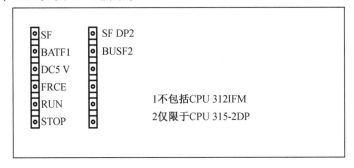

图 2 – 4　状态和故障 LED

对状态和故障 LED 含义依次说明如下:

①SF(红灯)

含义:系统出错/故障。

说明:以下事件发生时点亮,即硬件故障,固件出错,编程出错,错误的参数分配,错误的算法,定时器出错,有缺陷的存储器卡(不包括 CPU 312IFM、CPU 314IFM),电池故障或电源通电时没有后备电池(不包括 CPU 312IFM),I/O 故障或出错(仅针对外部 I/O)。

必须使用编程器读出诊断缓冲器的内容以决定出错或故障的实质。

②BATF(红色)(不包括 CPU 312IFM)

含义:电池故障。

说明:电池有以下情况时点亮(对于充电电池,CPU 不检查这些状态),即有缺陷,没有插入,放电。

③DC5 V(绿色)

含义:CPU 和 S7 - 300 总线用的 DC5 V 电源。

说明:内部 DC5 V 电源正常时点亮。

④FRCE(黄色)

含义:强制。

说明:强制功能时点亮。

⑤RUN(绿色)

含义:运行模式。

说明:当 CPU 再启动时以 2 Hz 频率闪烁,至少闪烁 3 s。CPU 再启动时间可能短于 3 s。当 CPU 再启动时,STOP LED 亦亮;当 STOP LED 灭时,输出被使能。

⑥STOP(黄色)

含义:停止模式。

说明:CPU 没有扫描用户程序时点亮;CPU 申请存储器复位时,以 1 s 的时间间隔闪烁。

⑦SF DP 和 BUSF

SF DP 和 BUSF LED 只安装在 CPU 315 - 2DP 上,其 LED 的含义略。

2.1.2　电源模块

电源模块(PS)将动力系统电压(AC120/230 V)转换为 DC24 V,用于 S7 - 300 和直流 24 V 负载电路的负载电源。它与 CPU 和其他信号模块之间通过电缆连接,而不是通过背板总线连接。

PS307 是西门子公司为 S7 - 300 专配的 DC24 V 电源。PS307 系列模块除输出额定电流不同外(有 2 A、5 A、10 A),其工作原理和参数都一样。

PS307 10 A 模块的输入接单相交流系统,输入电压 120/230 V,频率为 50/60 Hz,在输入和输出之间有可靠的隔离。输出电压允许范围为 24(±5%)V,最大上升时间为 2.5 s,最大残留纹波为 150 mV(峰 - 峰值),PS307 可安装在导轨上,除了给 S7 - 300 CPU 供电,也可给 I/O 模块提供负载电源。

S7 - 300 模块使用的电源由 S7 - 300 背板总线提供。一些模块还需要由外部负载电源供电。在组建 S7 - 300 应用系统时,必须考虑每块模块的电流耗量和功率损耗,所有 S7 - 300 模块使用的从 S7 - 300 背板总线提供的总电流不能超过 1.2 A(如选用 CPU 312 IFM,则不超过 0.8 A)。

一个实际的 S7 – 300 PLC 系统在确定所有的模块后,要选择合适的电源模块。所选定的电源模块的输出功率必须大于 CPU 模块、所有 I/O 模块、各种智能模块等总消耗功率之和,并且需要留约 30% 的余量。当同一电源模块既要为主机单元供电又要为扩展单元供电时,从主机单元到最远的扩展单元的线路电压降必须小于 0.25 V。

2.1.3　信号模块

信号模块(SM)使不同级的过程输入信号电平与 S7 – 300 的内部信号电平相匹配,主要包括开关量输入模块 SM321、开关量输出模块 SM322、模拟量输入模块 SM331 和模拟量输出模块 SM332 等。所有信号都是内外隔离的。模块的边长均为 40 mm,带有一个螺钉形的前连接器,外部信号可以很方便地连接到该连接器上。信号模块具有快速识别和诊断故障的功能,具有多种适合不同过程信号的输入/输出模块。特别要指出的是,模拟量输入模块独具特色,可以接入热电偶、热电阻、4 ~ 20 mA 电流、0 ~ 10 V 电压等十几种不同的信号,输入量程范围很宽。

1. S7 – 300 PLC 数字量模块

(1)SM321 数字量输入模块

数字量输入模块将现场过程数字信号电平转换成 S7 – 300 内部信号电平。数字量输入模块有直流输入方式和交流输入方式。对现场输入元件,仅要求提供开关触点即可。输入信号进入模块后,一般都经过光隔离和滤波,然后才被送至输入缓冲器等待 CPU 采样。采样时,信号经背板总线进入输入映象区。

SM321 数字量输入模块主要有四种型号模块可供选择,即直流 16 点输入、直流 32 点输入、交流 8 点输入、交流 16 点输入。模块的每个输入点由一个绿色的发光二极管显示输入状态,输入开关闭合(即有输入电压)时,发光二极管亮。另外,SM321 数字量输入模块还提供了直流 16 点输入带过程和诊断中断的模块、直流 8 点输入带源输入的模块、交流 32 点输入模块等,其特性参照有关技术手册。

(2)SM322 数字量输出模块

SM322 数字量输出模块将 S7 – 300 内部信号电平转换成过程所要求的外部信号电平,可用于直接驱动电磁阀、接触器、小型电动机、灯和电动机启动器等。其按负载回路使用电源不同分为直流输出模块、交流输出模块和交直流两用输出模块。其按输出开关器件的种类不同又可分为晶体管输出方式、晶闸管输出方式和继电器触点输出方式。

SM322 数字量输出模块有七种型号可供选择,即 16 点晶体管输出、32 点晶体管输出、16 点晶闸管输出、8 点晶体管输出、8 点晶闸管输出、8 点继电器输出和 16 点继电器输出模块。模块的每个输出点由一个绿色发光二极管显示输出状态:输出逻辑"1"时,发光二极管发光。

由于每个模块的端子共地情况不同,因此应根据模块输出类型和现场输出信号负载回路的供电情况选择模块。

晶体管输出模块没有反极性保护措施,输出具有短路保护功能,适用于驱动电磁阀和直流接触器。

继电器输出模块的额定负载电压范围较广,直流电压范围为 24 ~ 120 V,交流电压范围为 48 ~ 230 V,继电器触点容量与负载电压有关。当切断电源后,电容器在 200 ms 内仍能有能量,在这段时间内还可以暂时地使继电器动作。

晶闸管输出模块上有红色 LED 指示故障或错误,当用于输出短路保护的熔丝或负载电源一端没连接时,LED 指示错误。为了进行逻辑运算或扩大输出功率,可以将同一组内的两个点并联输出。该模块适用于驱动交流电磁阀、接触器、电动机启动器和灯。

(3)SM323 数字量 I/O 模块

此模块有两种类型:一种带有 8 个共地输入端和 8 个共地输出端;另一种带有 16 个共地输入端和 16 个共地输出端。两种模块特性相同。I/O 额定负载电压为 DC24 V,输入电压"1"信号电平为 11~30 V,"0"信号电平为 -3~+5V,I/O 通过光耦合器与背板总线隔离。在额定输入电压下,输入延迟为 1.2~4.8 ms。输出具有短路保护功能。

2. S7 - 300 PLC 模拟量模块

(1)SM331 模拟量输入模块

SM331 模拟量输入(简称模入(AI))模块目前有三种型号,即 8AI×12 位模块、8AI×16 位模块和 2AI×12 位模块。其中,具有 12 位的输入模块除通道数不一样外,其工作原理、性能、参数设置等方面都完全一样。

下面以 8AI×12 位模入模块为例介绍 S7 - 300 的模拟量输入模块。

SM331 输入模块主要由 A/D 转换部件、模拟切换开关、补偿电路、恒流源、光隔离部件、逻辑电路组成。A/D 转换部件是模块的核心,其转换原理采用积分方法。被测模拟量的精度是所设定的积分时间的正函数。SM331 可选 4 档积分时间为 2.5 ms、16.7 ms、20 ms 和 100 ms,相对应的以位表示的精度为 8、12、12、14。SM331 的 8 个模拟量输入通道共用一个积分式 A/D 转换部件。某一通道从开始转换模拟量输入值起到再次开始转换所用的时间称为模入模块的循环时间。

SM331 的每两个输入通道构成一个输入通道组,可以按通道组任意选择测量方法和测量范围。模块上需接 DC24 V 的负载电压,有反接性保护功能;对于变送器或热电偶的输入具有短路保护功能。模块与 S7 - 300 CPU 及负载电压之间是光隔离的。其他性能参见相关技术手册。

(2)SM332 模拟量输出模块

SM332 模拟量输出(简称模出(AO))模块目前有三种规格型号,即 4AO×12 位模块、2AO×12 位模块和 4AO×16 位模块。其中,具有 12 位的输入模块除通道数不一样外,其工作原理、性能、参数设置等方面都完全一样。

下面以 4AO×12 位模出模块为例介绍 S7 - 300 的模拟量输出模块。

①模拟量输出通道的转换、循环和响应时间

模出模块的转换时间包括内部存储器传送数字化输出值的时间和数模转换的时间。模拟量输出各通道的转换是按顺序进行的。模块的循环时间是所有活动的模拟量输出通道的转换时间的总和。

②SM332 与负载/执行装置的连接

SM332 可以输出电压,也可以输出电流。在输出电压时,可以采用 2 线回路和 4 线回路两种方式与负载相连。采用 2 线回路时,输出精度不如 4 线回路高。

③SM332 4AO×12 位模块的特性和技术规格说明

SM332 4AO×12 位模块上有 4 个通道,每个通道都可单独被编程为电压输出或电流输出,输出精度为 12 位。模块对 CPU 背板总线和负载电压都有光隔离。

④SM332 4AO×12 位模块的参数设定

在模拟量输出模块具有诊断能力和被赋予适当参数的情况下,故障和错误产生诊断中断,板上的 SF LED 灯闪烁。SM332 能对电流输出做断线检测,对电压输出做短路检测。

（3）模拟量 I/O 模块

模拟量输入/输出（I/O）模块 SM334 有两种规格:一种是 4 模入/2 模出的模拟量模块,其输入、输出精度为 8 位;另一种也是 4 模入/2 模出的模拟量模块,其输入、输出精度为 12 位。输入测量范围为 0～10 V 或 0～20 mA,输出测量范围为 0～10 V 或 0～20 mA。I/O 测量范围的选择是通过恰当的接线设定的。

2.1.4　其他模块

1. 功能模块

功能模块（FM）主要用于实时性强、存储计数量较大的过程信号处理任务,包括用于频率测量、速度测量及长度测量的高速计数模块 FM350,用于快速往复/蠕动进给的定位模块 FM351,用于电子凸轮控制的模块 FM352,用于由具有较高时钟脉冲速率的高度动态机械轴控制的步进电机模块 FM353,用于伺服电机位控的模块 FM354,以及既能用于伺服电机也能用于步进电机的定位模块 FM357,等等。

2. 通信智能模块

通信智能模块（CP）用于 PLC 之间或 PLC 与其他装置之间联网实现数据共享,包括具有 RS-232C 接口的 CP340 和可以与现场总线联网的 CP342-DP 等。

3. 接口模块

接口模块（IM）通过连接电缆将 S7-300 背板总线从一个机架连接到下一个机架。

4. 编程装置

编程装置（PG）用于为 PLC 编写用户程序、调试用户程序和故障诊断等。德国西门子公司的专用编程器有 PG705、PG720、PG740、PG760 等,另外还有配备专用 STEP 7 软件包和 MPI 编程电缆的通用微机,如图 2-5 所示。

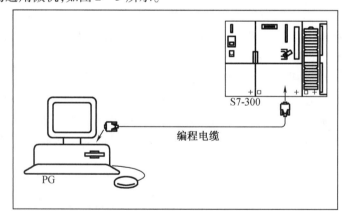

图 2-5　编程装置及编程电缆

5. 底板、电池和 RAM/EPROM

底板用于上述各种 S7 模块的安装以组成控制系统。电池用于给 CPU 模块中的 RAM 供电以保障 RAM 中存储的用户程序不会丢失。EPROM 一般用于存储备份的用户程序。

2.2 S7-300 模块安排

2.2.1 一个机架上的 S7-300 模块的安排

在 CPU 的右边最多只可以安装 8 个模块(SM、FM、CP),能够插入的模块数(SM、FM、CP)受它们从 S7-300 背板总线取得的电流数值的限制。

对 CPU 313/314/314 IFM/315/315-2DP/316 等而言,装在一个机架上的全部模块从 S7-300 背板总线取得的全部电流不得超过 1.2 A;对 CPU 312IFM 而言,应不超过 0.8 A。

2.2.2 多个机架配置的 S7-300 的模块安排(不包括 CPU 312IFM/313)

在多个机架配置中,接口模块总是位于第一个信号模块左边的 3 号槽;SM、FM、CP 等模块总是位于接口模块的右边;每个机架上不能超过 8 个信号模块;能插入的模块数受 S7-300 背板总线允许提供电流的限制。

2.2.3 S7-300 I/O 地址

一个 PLC 控制系统是由电源模块、CPU、FM、若干个 I/O 模块,以及底板、电池和 EPROM/RAM 组成的。图 2-6 给出了一台装在 4 个机架上的 S7-300 的结构和全部模块可用的槽(CPU 312IFM 和 CPU 313 只能插入机架 0)。每个模块在模块上的位置称为槽号,其对应的地址见表 2-2。

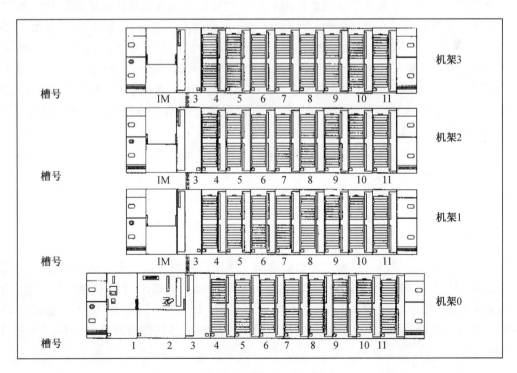

图 2-6 S7-300 插槽

表 2 – 2　S7 – 300 系列 PLC 地址分配表

机架	模块起始地址	槽号										
		1	2	3	4	5	6	7	8	9	10	11
0	数字量	PS	CPU	IM	0	4	8	12	16	20	24	28
	模拟量				256	272	288	304	320	336	352	368
1①	数字量		IM	32	36	40	44	48	52	56	60	
	模拟量			384	400	416	432	448	464	480	496	
2①	数字量		IM	64	68	72	76	80	84	88	92	
	模拟量			512	528	544	560	576	592	608	624	
3①	数字量		IM	96	100	104	108	112	116	120	124②	
	模拟量			640	656	672	688	704	720	736	752②	

注:①—不适用于 CPU 312IFM/313;

　　②—不适用于 CPU 314IFM。

1. 数字量模块 I/O 地址

一个输入点或一个输出点(I/O)的地址是由字节部分和位部分组成的。

数字量模块 I/O 地址的形式如下:

字节地址取决于其模块起始地址(即槽号)。位地址是印在其模块上的数码号。例如,一个数字量输入模块插在 4 号槽内,其位地址是印在模块上的数码号,如图 2 – 7 所示。由图 2 – 7 可知,有两组 0 ~ 7,可见此模块有 16 个通道。因为其插在 4 号槽,故由表 2 – 2 可知,起始地址为 0。上面一组 8 个通道的字节地址即为 0,而下面一组 8 个通道的字节地址为 1。图 2 – 7 中上面一组 8 个通道中数码标志为 4 的地址是 I 0.4,而地址 I 1.2 所表示的通道是下面一组 8 个通道中对应数码为 2 的那一个。数字量输出通道的判断方法和上述方法相似,只将地址前面的 I 改为 Q 即可。

图 2 – 7、图 2 – 8 展示了如何确定数字量模块各个通道的地址。

2. 模拟量模块的地址

模拟量输入通道或输出通道的地址总是一个字地址,其地址的形式如下:

通道地址取决于模块的起始地址。如果第一块模拟量模块插在 4 号槽,则它的缺省起始地址为 256,之后的模拟量模块的起始地址每一槽加 16。例如,一个 8 通道模拟量输入模块插入 4 号槽,其地址:0 通道为 IW 256,1 通道为 IW 258,2 通道为 IW 260,3 通道为 IW 262,依此规律递增,如图 2 – 9 所示。模拟量输出模块的地址规律与此类似,只将 IW 换作 QW 即可。

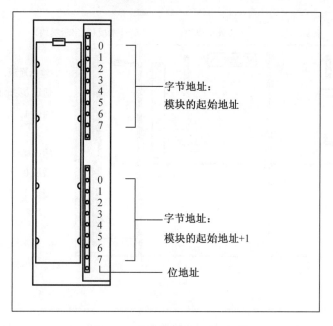

图 2 - 7　数字量模块 I/O 地址

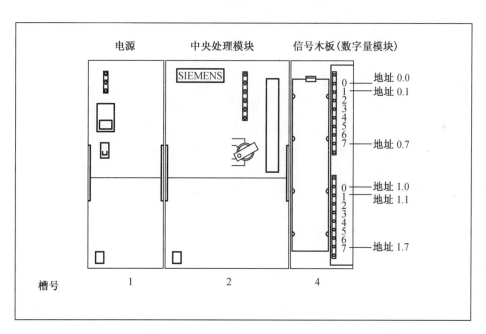

图 2 - 8　4 号槽中数字量模块 I/O 地址

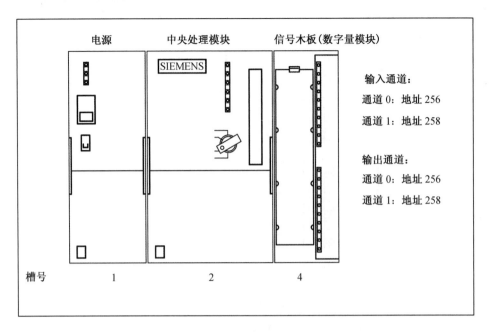

图 2-9　4 号槽中模拟量模块输入通道和输出通道地址

第 3 章　STEP 7 编程环境

STEP 7 是一种用于对 SIMATIC 可编程序控制器进行组态和编程的标准软件包。它是 SIMATIC 工业软件的一部分。其用户接口基于当前最先进水平的人机控制工程设计,便于使用。STEP 7 编程软件适用于 SIMATIC S7、M7、C7 和基于 PC 的 WinAC,是供其编程、监控和进行参数设置的标准工具。

3.1　STEP 7 应用程序

STEP 7 是一个强大的工程工具,用于整个项目流程的设计。从项目实施的计划配置、实施模块测试、集成测试调试到运行维护阶段,都需要不同功能的工程工具。STEP 7 工程工具包含整个项目流程的各种功能要求:CAD/CAE 支持、硬件组态、网络组态、仿真、过程诊断等。

STEP 7 标准软件包提供一系列的应用程序。

1. SIMATIC 管理器

使用 SIMATIC 管理器(SIMATIC Manager)可以集中管理一个自动化项目的所有数据,可以分布式地读/写各个项目的用户数据。其他工具都可以在 SIMATIC 管理器中根据需要被启动。

2. 符号编辑器

使用符号编辑器(Symbol Editor)可以管理所有共享符号。其具有以下功能:可以为过程 I/O 信号、位存储和块设定符号名与注释;可以为符号分类;导入/导出功能可以使 STEP 7 生成的符号表供其他 Windows 工具使用。

3. 硬件诊断程序

硬件诊断程序可以提供可编程序控制器的状态概况。其可以显示符号,指示每个模块是否正常或有故障。双击故障模块可以显示有关故障的详细信息。例如,显示模块的订货号、版本、名称,模块故障的状态,以及来自诊断缓存区的报文等。

4. 编程语言

用于 S7 -300 和 S7 -400 的梯形图编程语言(LAD)、语句表编程语言(STL)和功能块图编程语言(FBD)都集成在一个标准软件包中。梯形图是 STEP 7 编程语言的图形表达方式,它的指令语法与继电器的梯形逻辑图相似。语句表是 STEP 7 编程语言的文本表达方式,CPU 执行程序时按每条指令一步一步地执行。功能块图也是 STEP 7 编程语言的图形表达方式,使用与布尔代数相似的逻辑框来表达逻辑,其复合功能可用逻辑框组合形式完成。

此外,还有四种编程语言作为可选软件包使用,分别是结构化控制(S7 SCL)编程语言、顺序控制(S7 Graph)编程语言、状态图(S7 HiGraph)编程语言、连续功能图(S7 CFC)编程语言。

5. 硬件组态工具

硬件组态工具不仅可以为自动化项目的硬件进行组态和参数设置,还可以对机架上的硬件进行配置,设置其参数及属性。通过在对话框中提供有效选项,系统可以防止非法输入。

6. 网络组态工具

网络组态(NetPro)工具用于组态通信网络连接,包括对网络连接的参数进行设置和对网络中各个通信设备的参数进行设置。选择系统集成的通信或功能块,可以轻松实现数据的传送。

本章重点介绍如何使用编程软件编写用户程序并将用户程序传送到 PLC 中(称为 DOWNLOAD),以及监视用户程序的运行和查找故障等。

3.2 启动 SIMATIC 管理器并创建一个项目

在启动 Windows 后,用户将发现一个代表 SIMATIC 管理器的图标   。该管理器就是 STEP 7 软件在 Windows 系统上的启动点。用户可以直接双击此图标,进入 SIMATIC 管理器窗口。缺省设置为启动 STEP 7 向导(STEP 7 Wizard),它可以在用户创建 STEP 7 项目时提供支持,并用项目结构来按顺序存储和排列所有的数据与程序。用户跟随向导可以快速建立一个新用户程序(Project)对象,如图 3 – 1 至图 3 – 4 所示。

如图 3 – 1 所示,通过单击"Preview"按钮,用户可以显示或隐藏正在创建的项目结构的视图。

要转到下一个对话框,请单击"Next"。

在下一个对话框中选择所需的 CPU 类型,因为每个 CPU 都有某些特性(如有不同的存储器组态或地址区域),这也是编程前必须选择 CPU 的原因。同时,为了使 CPU 与编程设备或 PC 之间进行通信,需要设置 MPI 地址(多点接口),将 MPI 地址的缺省设置为2,然后点击"Next",进入下一个对话框。

图 3 – 1　跟随 STEP 7 向导创建用户程序之一

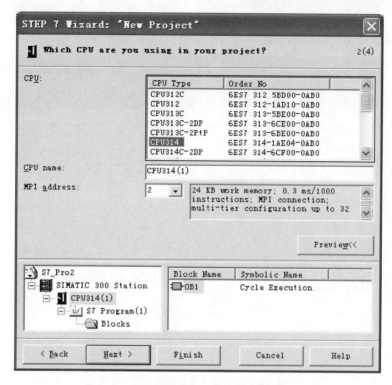

图3-2　跟随 STEP 7 向导创建用户程序之二

选择组织块 OB1(如果尚未选中),OB1 代表最高的编程层次,它负责组织 S7 程序中的其他块,同时选择以下编程语言的一种:梯形图编程语言(LAD)、语句表编程语言(STL)或功能块图编程语言(FBD),当然用户也可以在以后的编程过程中重新选择编程语言,单击"Next"确认设置。

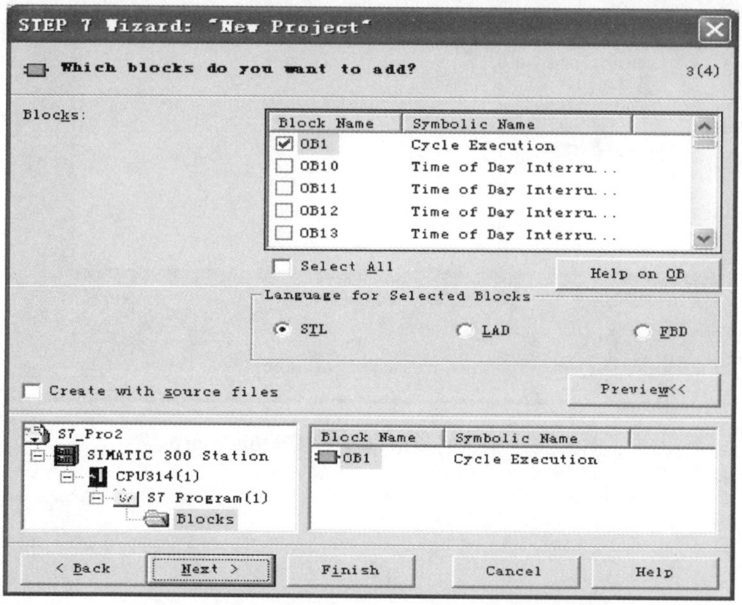

图3-3　跟随 STEP 7 向导创建用户程序之三

在"项目名称"域中输入用户程序（Project）名字，例如"Getting Started"，然后单击"Finish"，计算机或编程器就会自动创建一个新用户程序，如图3-5所示。

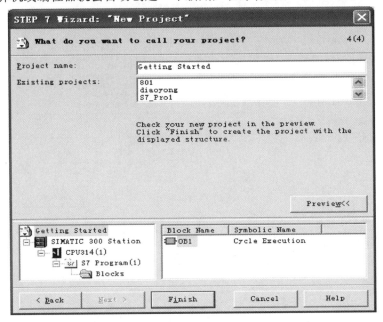

图3-4　跟随 STEP 7 向导创建用户程序之四

在 SIMATIC 管理器中，按照与 Windows 资源管理器显示文件夹和文件的目录结构相同的方式将 STEP 7 中用户对象显示出来，如图3-6所示。

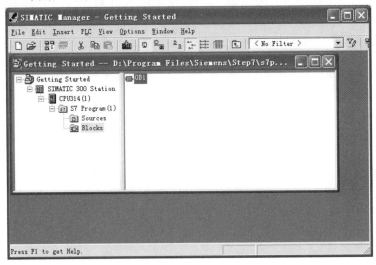

图3-5　创建的新用户程序"Getting Started"

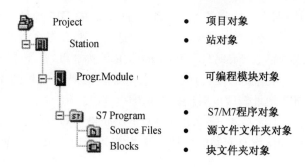

Project	• 项目对象
Station	• 站对象
Progr.Module	• 可编程模块对象
S7 Program	• S7/M7程序对象
Source Files	• 源文件文件夹对象
Blocks	• 块文件夹对象

图3-6　STEP 7用户对象

　　至此,完成了 STEP 7 的启动(编程的准备工作)。如果用户程序已经存在,再次开机时,就不必理会向导(Wizard),点击"Cancel"直接跳过,然后通过 SIMATIC 管理窗口中菜单"File > Open"打开已经存在的用户程序即可。如果想新建项目,但 STEP 7 启动时没有出现向导窗口,则用户可以通过"File > 'New Project' Wizard..."来打开。在编写新用户程序时,S7 系列 PLC 还应该进行硬件组态(hardware configuration)工作。组态最好放在用户程序编写之前,也可以放在其后。

3.3　设置 PG/PC

　　PC/MPI 适配器使用户能在 PC 和 PLC 之间建立数据联系。其通常有两种接口:RS-232 接口和 USB 接口。如果在 PC 上安装通信卡,就能使 PC 和 PLC 之间通过网络进行通信。用户可以选用能够连接到 PLC 的 MPI、PROFIBUS、工业以太网等通信卡。

　　根据实际的需求,用户可以选择不同的接口,那么如何准确地使用这些接口呢? 基本的思路就是软硬结合。这里的软是指软件设置,具体就是在"Setting PG/PC Interface"(设置 PG/PC 接口)对话框中的设置,通过在 SIMATIC 管理器窗口中执行菜单命令"Option > Setting PG/PC Interface..."打开,或者可以在控制面板中双击"Setting PG/PC Interface"图标打开。只有在安装好 STEP 7 软件的 PC 中才会在"控制面板"中出现这个设置图标。

　　如果用户使用编程器(PG)并通过多点接口(MPI)进行连接,则不需要特别的设置;如果用户使用 PC 和 MPI 卡或通信处理器(CP),则应首先检查在 Windows"控制面板"里的中断和地址设置,以确保没有中断冲突和地址区重叠。

　　下面以常见的 PC/MPI 适配器为例介绍一下 PG/PC 通信接口参数设置方法。

　　①进入 STEP 7 编程软件主界面(SIMATIC Manager),点击"Options"菜单下的"Set PG/PC Interface..."选项进入 PG/PC 设置界面。

　　②双击"PC Adapter(MPI)"进入 RS-232 和 MPI 接口参数设置对话框。

　　③单击"Local Connection"选项卡设置 RS-232 接口参数。正确选择连接电脑的 COM 口(RS-232),选择 RS-232 通信的波特率为 19 200 bit/s 或 38 400 bit/s,这个数值必须和 PC/MPI 适配器上开关设置的数值相同。

　　④单击"MPI"选项卡,正确设置波特率参数。由于 CPU 上 MPI 口波特率的出厂默认值为 187.5 kbit/s,所以将参数设置成 187.5 kbit/s 即可。

　　完成以上设置后即可与 PLC 联机通信了,若连接不成功则可以修改属性窗口的"COM"

数值;若还连接不成功,那么可能就是由硬件组态的 CPU 的 MPI 地址与机架上的 MPI 地址不同造成的,要考虑修改硬件组态的 CPU 的 MPI 地址。那么怎么能够知道机架上的 CPU 的 MPI 地址呢? 可以通过"SIMATIC Manager"主界面"PLC"下拉菜单中的"Display Accessible Nodes"(显示可连接的接点)的选项来"探测"机架上 CPU 的 MPI 地址,然后把硬件组态中的 CPU 的 MPI 地址修改成对应的地址即可。

若执行以上操作仍不能显示,那么不是 COM 口插得不对,就是电缆本身不通,应检查电缆的硬件部分,然后确认没有问题的话把 CPU 断电再送电一般就可排除问题。

3.4　硬　件　组　态

STEP 7 软件中的硬件组态就是模拟真实的 PLC 硬件系统,将电源、CPU 和信号模块等设备安装到相应的机架上,并对 PLC 硬件模块的参数进行设置和修改的过程。当用户需要修改模块的参数或地址,需要设置网络通信,或者需要将分布式外设连接到主站的时候,都要做硬件组态。

假设已打开了 SIMATIC 管理器和"Getting Started"项目,单击"SIMATIC 300 Station"文件夹,并双击右侧分窗体"Hardware"图标(图 3 - 7),打开"HW Config"窗口(图 3 - 8),在创建项目时所选择的 CPU 将显示出来。此时用户可以根据实际硬件组成及各种模块所在的槽号先选中模块所在槽,然后在硬件目录窗体中逐一双击选择。这里需要注意的是,在硬件目录中所选择模块的订货号将出现在简要信息栏中,这个订货号一定要和现有硬件的订货号一一对应,否则就可能影响组态过程。

图 3 - 7　"Hardware"图标

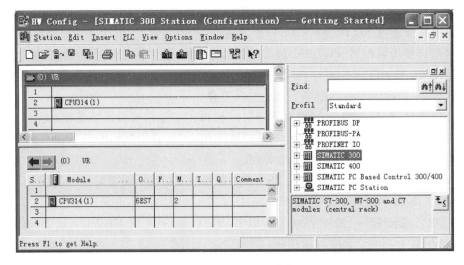

图 3 - 8　"HW Config"窗口

例如,"Getting Started"项目的系统硬件包括:

PS 307 2A——6ES7 307 – 1BA00 – 0AA0(电源模块),位于 1 号槽;

CPU314(1)——6ES7 314 – 1AE04 – 0AB0(CPU 模块),位于 2 号槽;

DI32xDC24V——6ES7 321 – 1BL00 – 0AA0(开关量输入模块),位于 4 号槽;

DO32xDC24V/0.5A——6ES7 322 – 1BL00 – 0AA0(开关量输出模块),位于 5 号槽。

组态后的硬件配置如图 3 – 9 所示。

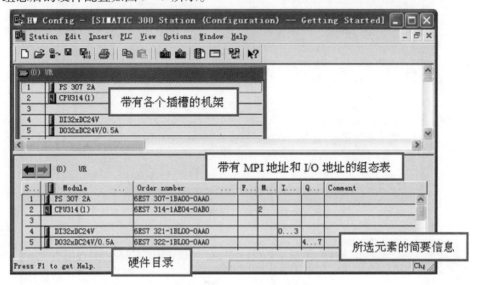

图 3 – 9 组态后的硬件配置

在机架窗口和组态表中,双击每个模块都会弹出其"Properties"(属性)对话框,用户可以设置各类参数。例如,在机架窗口中双击"CPU314(1)"弹出如图 3 – 10 所示对话框。在这里,我们可以点击"Cycle/Clock Memory"选项卡,选中"Clock memory"复选框,在"Memory Byte"(时钟存储器字节)文本框中填入一个 0 到 255 之间的数字(默认为 0),这样就得到一组时钟脉冲信号(M0.0(周期为 0.1 s)、M0.1(周期为 0.2 s)、M0.2(周期为 0.4 s)、M0.3(周期为 0.5 s)、M0.4(周期为 0.8 s)、M0.5(周期为 1 s)、M0.6(周期为 1.6 s)、M0.7(周期为 2 s)),可以选用不同周期的脉冲信号来实现报警闪光和蜂鸣器的输出等。

对于其他属性页及其他模块,用户可以根据实际需要进行设置,但是用户只有在确定知道改变这些参数会对可编程控制器有何影响时方可改变它们。

组态完成后,使用菜单命令"Save and Compile"为向 CPU 传送数据做好准备,然后通过菜单命令"PLC > Download..."将配置好的组态数据下载到 CPU 中,如图 3 – 11 所示。

一旦关闭"HW Config"应用程序,在 Blocks 文件夹中就会出现系统数据的符号。使用菜单命令"Consistency Check"(一致性检查)还可以检查组态错误。对于任何可能出现的错误,STEP 7 都为用户提供了可能的解决方案。

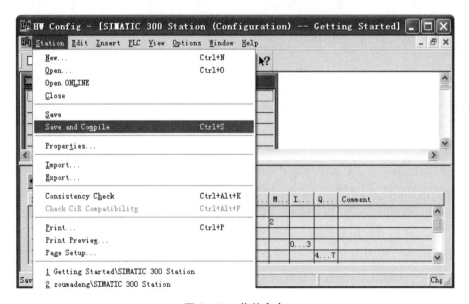

图 3 – 10　设置时钟脉冲存储器

图 3 – 11　菜单命令

3.5　用户编程

　　用户使用所选的编程语言在程序编辑器中按相应的逻辑顺序输入语句时,编辑器立即启动句法检查,将发现的错误用红色和斜体显示。逻辑块的程序指令部分通常由若干段组成,而这些段又由一系列语句组成。用户可以编辑块标题、块注释、段标题、段注释和各程序段中的语句行。

3.5.1 符号编程

每个输入、输出都有由硬件组态预定义的一个绝对地址,该地址是被直接指定的,即绝对地址,如图3-12所示。该绝对地址可以由用户所选择的任意符号名替代。在符号编辑器的符号表中,可以为所有的绝对地址分配符号名和数据类型,以后在用户程序中将会寻址这些地址,如为输入I1.0指定符号名Switch1(开关1)。这些名字可以用于程序的所有部分,即全局变量。

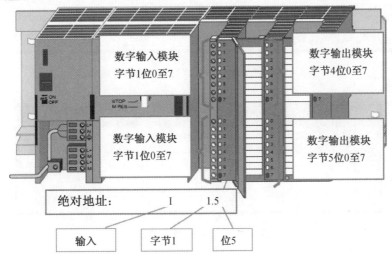

图3-12 绝对地址示意图

如果在S7程序中寻址的输入与输出并不多,那么可以使用绝对地址编程;但是当程序非常庞大且地址很多时,则应当使用符号编程,用有意义的符号来代替抽象的绝对地址,这将大大地提高S7程序的可读性。

符号名的长度不能多于24个字符,而且定义时不区别大小写。需要注意的是,数据块中的地址(DBD、DBW、DBB、DBX)不能在符号表中被定义,而应在数据块声明表中被定义。组织块(OB)、某些系统功能块(SFB)和系统功能(SFC)已被系统根据块的功能预先赋予了符号名。

使用符号编辑器的步骤如下:

①在如图3-13所示的"Getting Started"项目窗口中点击"S7 Program(1)",然后在右侧分窗体内双击"Symbols"图标,出现如图3-14所示的符号表。

②此时出现的符号表中只包括当前预定义的组织块OB1,点击"Cycle Execution",然后将其改写为用户想要的名称,比如"Main Program"。在第二行输入"Green Light"和"Q4.0",数据类型会自动添加。点击"Comment"(注释)栏为符号输入注释,完成一行后按回车键,随后会自动增加一新行。在第三行输入"Red Light"和"Q4.1",按回车键结束该输入行。

此时符号表如图3-15所示,用这种方式可以为程序需要的所有输入与输出的绝对地址分配符号名。一般来说,不论选用哪种编程语言,每个S7程序只创建一个符号表。所有可打印的字符(如特殊字符、空格等)都可以在符号表中被使用。

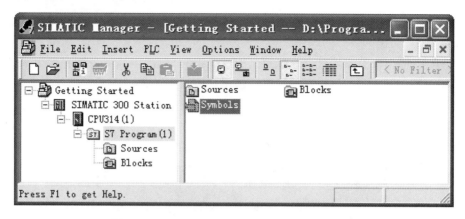

图 3 – 13　S7 Program（1）目录下的符号编辑器

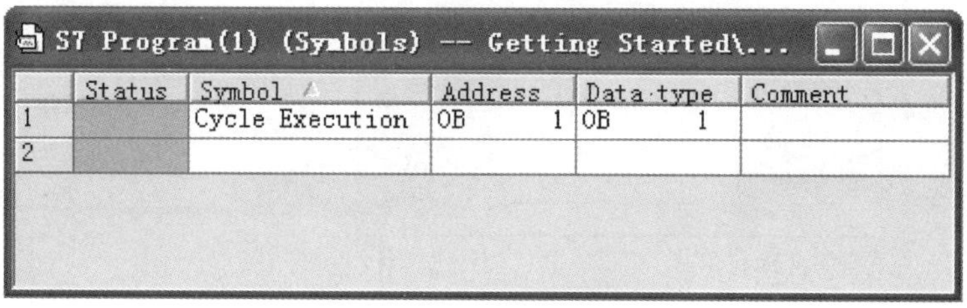

图 3 – 14　符号编辑器符号表

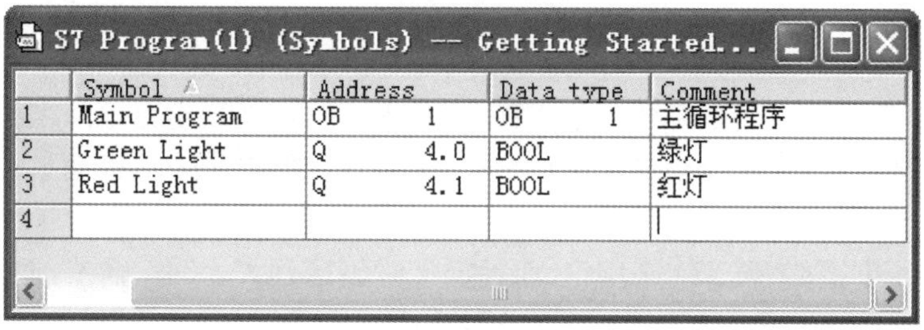

图 3 – 15　已编辑的符号表

③编辑完成后点击■保存符号表的修改。

在符号表编辑器中,用户可以通过菜单"Symbol Table > import... export..."导入或导出当前的符号表,这样就可以用文本编辑器对符号表进行保存和编辑,这种导入/导出的功能大大减少了用户的工作。导出符号表时,用户可以选择文件格式为"＊.DIF",则可以在Microsoft Excel 中打开、编辑并存储 DIF 文件;也可以选择文件格式为"＊.SDF",则可以在Microsoft Access 中打开、编辑并存储 SDF 文件。

3.5.2　在 OB1 中创建程序

在图 3 – 13 右侧分窗体中双击"Blocks",再双击"OB1",块 OB1 将以项目生成时在向导中所选择的编程语言方式打开,如图 3 – 16 所示。任何时候均可以修改所选择的缺省编程语言设置,具体操作方法:点击菜单"View",再点击"LAD""STL"或"FBD"选项中所需的编程语言即可。

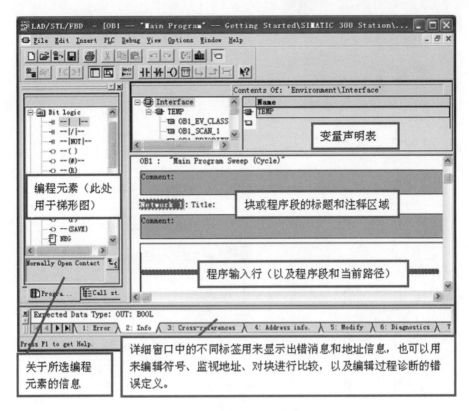

图 3-16　创建 OB1 程序窗口

1. 用梯形图编程 OB1

用梯形图编程时,一个 Network 只能编制一条梯级的程序,这是与语句表编程的最大区别之一。录入一条梯级后,点击 图标或通过下拉菜单“Insert”点击“Network”均可插入一条新的梯级。例如,使用梯形图对一个串联电路编程,其步骤如图 3-17 所示。

打开梯形图中常用的编程元素(如常开触点、常闭触点、输出线圈、定时器类的梯形图方块、打开/关闭并联分支等)可分别单击图 3-18 中相应图标按钮,如果用户想要的编程元素不在工具栏中,则可到图 3-16 所示的编程元素列表窗口中查找并拖拽到相应的位置。

2. 用语句表编程 OB1

①如有必要,请在视图菜单中将 STL 设置为当前编程语言。

②点击“Title”可输入程序块(OB、FB、FC)或程序段(Network)的名称;点击“Comment”区域可输入说明该程序块或程序段的作用含义注解。

③在下面程序区域从第一行开始输入用户程序。例如,在第一个程序行输入“A”(表示 AND),空格,然后输入绝对地址“I0.0”或输入自定义的符号名,回车结束该行;光标跳到下一行,接着输入“AN”,空格,输入“I0.1”,回车;在第三行输入一个“ = ”,空格,输入“Green Light”,回车。

④现在已编辑了一个完整的程序小段,如没有符号显示为红色,则保存该段程序;如显示红色符号,则说明符号在符号表中不存在或有语法错误。对于不存在的符号,打开符号表输入新的符号;若是拼写错误,则可点击下拉菜单“Insert”,点击“Symbol”,滚动下拉列表(当符号名数量超过显示框时)直至找到相应的名称并选中它,符号名会被自动添加,如图

3 – 19 所示。

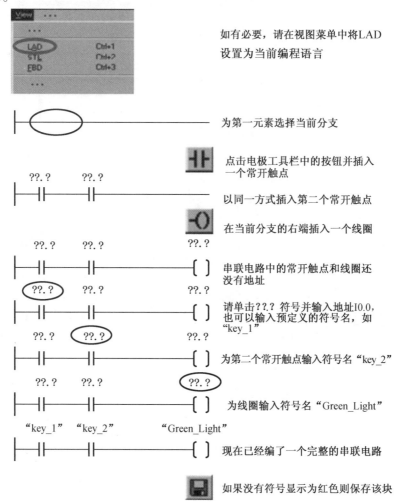

如有必要，请在视图菜单中将LAD
设置为当前编程语言

为第一元素选择当前分支

点击电极工具栏中的按钮并插入
一个常开触点

以同一方式插入第二个常开触点

在当前分支的右端插入一个线圈

串联电路中的常开触点和线圈还
没有地址

请单击??.? 符号并输入地址I0.0，
也可以输入预定义的符号名，如
"key_1"

为第二个常开触点输入符号名"key_2"

为线圈输入符号名"Green_Light"

现在已经编了一个完整的串联电路

如果没有符号显示为红色则保存该块

图 3 – 17 使用梯形图对串联电路编程的一般步骤

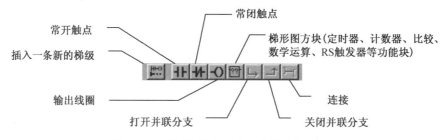

图 3 – 18 梯形图编程元素工具栏按钮含义

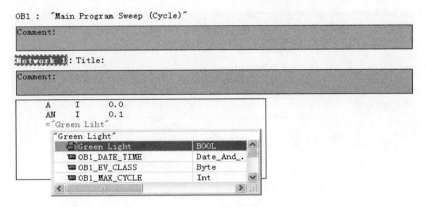

图3-19 拼写错误,符号名自动被添加

当需编制一个新的程序段时,从下拉菜单"Insert"中选中"Network"项即可。

3. 切换至其他程序块

用户编写完 OB1(或其他程序块)后,如果想继续编写其他程序块,可以在 SIMATIC 管理器中为当前处于激活状态的项目插入想要编辑的 S7 块,如图3-20所示。

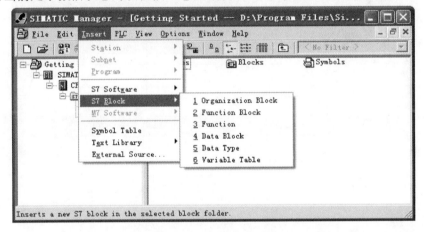

图3-20 插入新的 S7 块

3.5.3 创建一个功能块与一个数据块

1. 创建并打开功能块

功能块(FB)在程序的分级结构中位于组织块之下,它包含程序的一部分,这部分程序可以在 OB1 中被多次调用。功能块的所有形式参数和静态数据都存储在一个单独的、被指定给该功能块的数据块(DB)中。

①按上节所述的步骤点击功能块。

②在图3-21所示的"Properties - Function block"对话框中,选择功能块编号(如 FB50),选择编程语句 STL(或 LAD、FBD),点击"确定"确认其余设置即可。

③功能块 FB50 已被插入"Blocks"文件夹。双击"FB50"图标,打开 FB50,如图3-22所示。

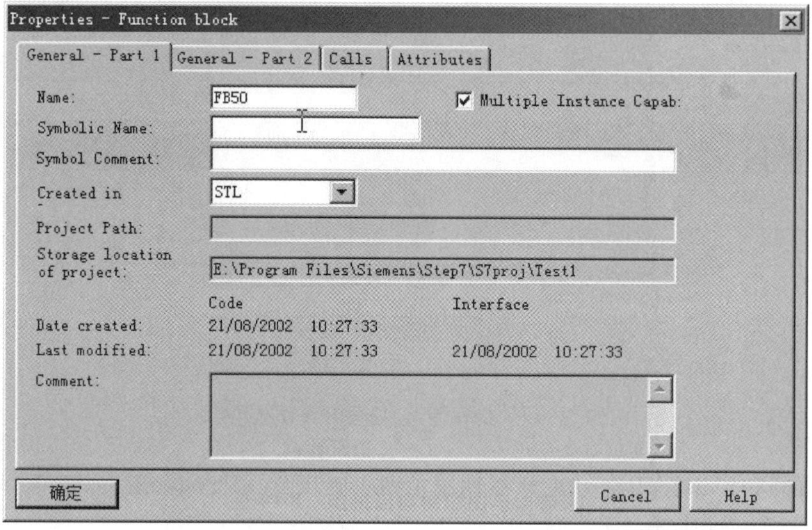

图 3 - 21　"Properties - Function block"对话框

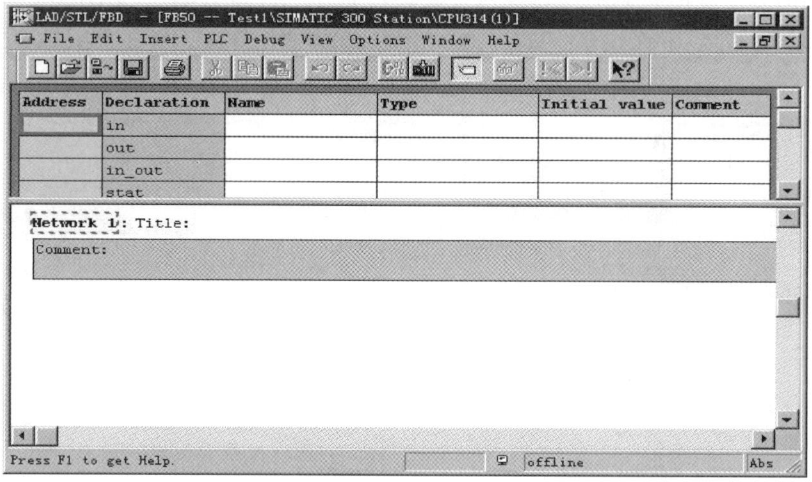

图 3 - 22　功能块 FB50 编程窗口

2. 填写变量声明表

现以限值监测程序为例来填写变量声明表。

①当测量值大于上限值或小于下限值时,分别复位上限或下限报警标志。复位上限报警标志的条件是,测量值小于上限值减去死区后的数值;复位下限报警标志的条件是,测量值大于下限值加上死区后的数值。将上下限值和死区定义为静态变量,就可以通过修改相应背景数据块中数据的当前值实现限值参数的整定。

②选中"Name"列单元格后填入变量名字,然后依次填入数据类型、初始值及注解(视需要而定)等单元格,回车时自动添加地址。声明表中深色区域是不需要用户填写的。图3 - 23 是完成后的 FB50 变量声明表。

③接着在变量声明表下面的编程区按上述 OB1 中的编程方法依次输入相应功能程序。

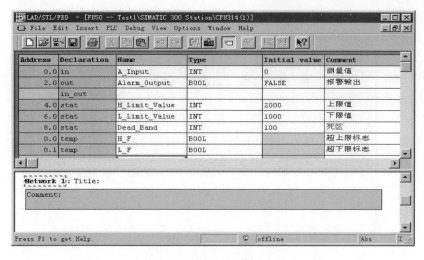

图 3 – 23 FB50 变量声明表

3. 生成背景数据块与修改数据块数据

(1)生成背景数据块

编写了功能块后,为在 OB1 等块中编写、调用该功能块的指令,必须生成相应的数据块。

背景数据块的生成与功能块的创建步骤相同,只不过需点击的是数据块"Data Block",而不是功能块。在类似于图 3 – 21 的数据块属性对话窗口中填入数据块编号(如 DB10),确认其余设置即可。

此时数据块 DB10 已被插入 Blocks 文件夹。双击"DB10"图标,打开 DB10,出现图 3 – 24 所示的"New Data Block"窗口;选中"Data block referencing a function block"选项后,在下面原空白的"Assignment"内出现刚编制的功能块 FB50;点击"OK",出现如图 3 – 25 所示的数据块 DB10 窗体。

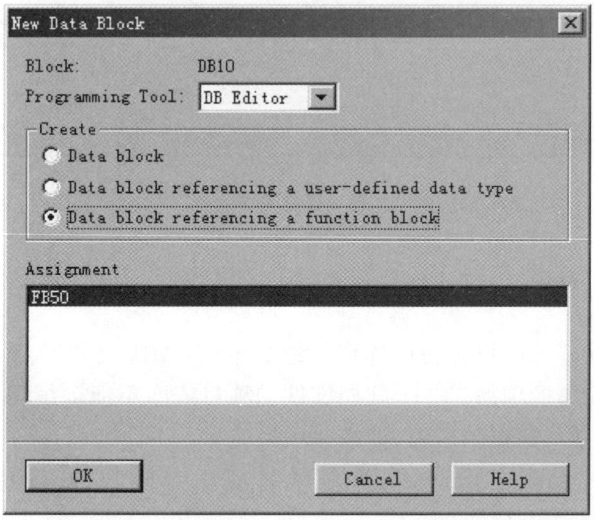

图 3 – 24 "New Data Block"窗口

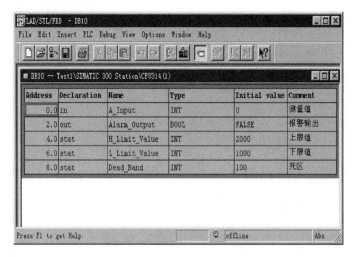

图 3 – 25 数据块 DB10 窗体

（2）修改数据块数据

在数据块窗体的下拉菜单"View"内点击选择"Data View"项，此时在数据块表格中自动增加实际值一列数据，选择需修改数据的单元格，填入新的数据即可。图 3 – 26 显示的是修改上限值为 4 000 的例子。

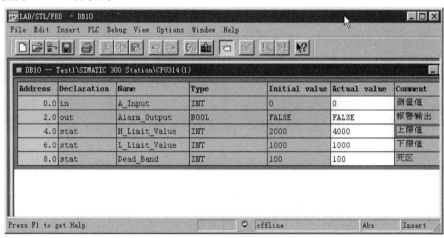

图 3 – 26 修改数据块数据

3.5.4 项目归档

利用项目归档功能可以将项目或库以压缩的形式（ARJ 或 ZIP）存入一个归档文件中，便于用户保存一个完整的项目。一个归档文件的项目或库不能被编辑、修改。如果希望对它们进行编辑，就必须将数据解压缩，即恢复项目或库。

使用菜单命令"File > Archive..."对项目或库进行归档；使用菜单命令"File > Retrieve..."对项目或库进行恢复。

3.5.5 充分利用 STEP 7 软件的在线帮助

STEP 7 软件强大的在线帮助系统就好像是一部 STEP 7 软件的百科全书,几乎包含了所有用户感兴趣的技术细节。只不过 STEP 7 的在线帮助全部是英文解释,用户需要有较高的英语水平。这样,任何时候用户都可以通过查阅这本百科全书得到及时、有效的指导和帮助。

如果用户想查找某个关键字及其相关信息,则可以在 SIMATIC 管理器主界面中点击下拉菜单"Help > Contents"打开 STEP 7 的在线帮助,利用"Index"进行关键字的查找,或者利用"Search"进行相关搜索。

用户还可以利用在线帮助了解某个逻辑块(FB/FC/SFB/SFC)的功能及管脚的定义。在 LAD 程序编辑器中,首先点击工具栏中 ▨ 按钮并键入具体的逻辑块名将一个逻辑块调入 Network 中,然后选中该逻辑块(用鼠标点击该逻辑块,外框变为绿色),按 F1 键,这时就自动显示出关于该逻辑块的功能及管脚定义的描述。用户可以在该帮助信息中了解到该逻辑块的功能、参数的描述,以及所要求的数据类型、可能的错误信息等,有些帮助信息中还有实用的例子程序。

3.6 下载、上传用户程序及运行监视

3.6.1 下载用户程序

下载(download)用户程序即由编程器将已编写好的用户程序传送到 PLC 中。将用户程序下载到可编程序控制器的前提条件如下:

①编程设备和可编程序控制器里的 CPU 之间必须有一个连接(如多点接口)。

②可编程序控制器必须是可以访问的。

③下载的程序已被无误地编译。

④CPU 必须处于允许下载的工作模式(STOP 或 RUN - P)下。在 RUN - P 模式下,程序将一次下载一个块,这样重写一个旧的 CPU 程序可能出现冲突。例如,如果块参数已改变了,则当处理循环时,CPU 就会进入 STOP 模式。因此,建议在下载前将 CPU 切换到 STOP 模式。

如果要离线打开一个块并下载它,CPU 必须与 SIMATIC 管理器中的一个在线用户程序相连接。

在下载用户程序之前,必须使 CPU 复位,保证没有旧块在 CPU 上。

下载用户程序的具体步骤如下:

①通过下拉菜单"View > Online"建立计算机(编程器)与 PLC 的通信联系。

②通过下拉菜单"PLC > Download"或点击 SIMATIC 管理器菜单上的快捷键 ▦ 将用户程序由计算机(编程器)传输到 PLC 中。

另外,在进行下列操作前,需要把工作模式从 RUN 模式切换到 STOP 模式。

①下载完整的或部分用户程序到 CPU。

②在 CPU 执行存储器全清。

③压缩用户存储器。

3.6.2 上传用户程序

上传(upload)用户程序是指将 PLC 中已存在的用户程序传输到计算机(编程器)中。其具体步骤如下：

①通过下拉菜单"View > Online"建立计算机(编程器)与 PLC 的通信联系。

②通过下拉菜单"PLC > Upload"将用户程序由 PLC 传输到计算机(编程器)中。

3.6.3 用户程序运行监视

用户可以通过显示程序状态(RLO 状态位)或为每条指令显示相应寄存器内容的方法测试自己的程序,可以在"Customize"对话框中定义在"LAD/FBD"画面中的显示范围。在"LAD/STL/FBD:Programmable Blocks"窗口中使用菜单命令打开这个对话框。

用户需要注意的是,在程序运行过程中测试程序时,如功能或程序出错,会对人身或财产造成严重损害。在开始测试程序之前,要确认不会有危险情况出现。

要显示程序状态,必须满足下列要求：

①必须存储没有错误的程序,并且将它们下载到 CPU。

②CPU 在运行且用户程序在执行。

③块必须在线打开。

监视程序状态时建议不要调用整个程序进行调试,而应一个块一个块地调用,并单独地调试它们。应该从调用分层嵌套中最外层的块开始,如在 OB1 中调用它们,通过监视和修改变量功能为块生成被测试的环境。

程序状态的显示是循环刷新的。在"LAD/FBD"标签中,使用菜单命令"Options > Customize"可改变线型及颜色的预置。缺省状态如下：

①状态满足:绿色连续线。

②状态不满足:蓝色点线。

③状态未知:黑色连续线。

触点的状态如下：

①如果该地址有"1"值则为满足。

②如果该地址有"0"值则为不满足。

③如果该地址的值不明则为未知。

线的状态如下：

①线的状态如果未知或没有完全运行则是黑色的。

②在电力总线开始处,线的状态总是满足的("1")。

③并行分支开始处,线的状态总是满足的("1")。

④如果一个元素和它前面的线的状态都为满足,则该元素后面的线的状态也为满足。

⑤如果"NOT"指令前面的线的状态为不满足(相反),则"NOT"指令后面的线的状态为满足。

3.7 S7 - PLCSIM 的应用

S7 - PLCSIM 是自动嵌套在 STEP 7 中的一个非常实用的仿真 PLC 软件。它无须连接任何 S7 硬件,就可以在 PG/PC 上仿真一个完整的 S7 - CPU,包括地址和 I/O。S7 - PLCSIM 使用户能够在 PG/PC 上离线测试程序,可以使用所有的 STEP 7 编程语言。

仿真 PLC 主要应用于以下场合:无硬件 PLC 时的调试程序;有硬件 PLC,但在实际调试时由于情况复杂可能会损坏 PLC 等。利用 S7 - PLCSIM,可以在开发阶段就发现和排除错误,从而提高用户程序的质量并减少费用。

3.7.1 S7 - PLCSIM 的使用方法

S7 - PLCSIM 提供了一个操作简便的界面,可以监视或者修改程序中的参数,比如直接输入数字量。当 PLC 程序在仿真 PLC 运行时,我们可以继续使用 STEP 7 软件中的各种功能,比如在变量表中进行监视或者修改变量。S7 - PLCSIM 的使用步骤如下:

1. 打开 S7 - PLCSIM

点击 SIMATIC 管理器中工具栏上的 按钮,打开/关闭仿真功能。如图 3 - 27 所示,此时系统自动装载仿真的 CPU。当 S7 - PLCSIM 运行时,所有的操作(如下载程序)都会自动与仿真 CPU 关联。

2. 插入视图对象

通过生成视图对象(view objet),可以访问存储区、累加器和被仿真 CPU 的配置。执行菜单命令"Insert/..."或直接单击图 3 - 27 所示工具栏中的相应按钮,可以在 PLCSIM 窗口中插入以下视图对象:

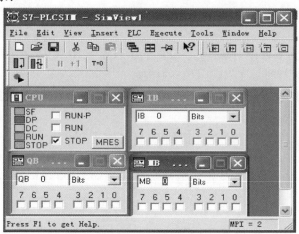

图 3 - 27 S7 - PLCSIM 软件的界面

①Input Variable:允许访问输入(I)存储区。

②Output Variable:允许访问输出(O)存储区。

③Bit Memory:允许访问存储区(M)中的数据。

④Timer:允许访问程序中用到的定时器。

⑤Counter:允许访问程序中用到的计数器。

⑥Generic：允许访问仿真 CPU 中所有的存储区，包括程序中用到的数据块（DB）。

⑦Vertical Bits：允许通过符号地址或者绝对地址来监视或修改数据，可以用来显示外部输入/输出变量（PI/PO）、输入/输出映像区变量（I/O）、位存储区、数据块等。

3. 下载项目到 S7 – PLCSIM

在下载前，首先通过执行菜单命令"PLC/Power On"位仿真 PLC 上电（一般默认项为上电），通过菜单命令"PLC/MPI Address. . ."设置与项目中相同的 MPI 地址（一般默认地址为2）；然后在 STEP 7 软件中单击 ，将已经编好的项目下载到 S7 – PLCSIM。单击 CPU 视图中的"MRES"按钮，可以清除 PLCSIM 中的内容，此时如果需要调试程序，则必须重新下载程序。如果真实 PLC 开启，则下载时，仍然是仿真 PLC 优先。所以，如果程序调试成功，要下载到真实 PLC 中，需关闭仿真 PLC。

4. 选择 CPU 运行的方式

执行菜单命令"Execute/Scan Mode/Single Scan"或单击工具栏中的 ，使仿真 CPU 仅执行一个扫描周期，然后等待开始下一次扫描；执行命令"Execute/Scan Mode/Continuous Scans"或单击工具栏中的 ，仿真 CPU 将会与真实 PLC 一样连续周期性地执行程序。如果用户对定时器或计数器进行仿真，那么这个功能非常有用。

5. 调试程序

①模拟输入信号的方法：用鼠标单击图 3 – 27 中 IB0 的第 4 位（即 I0.3）处的单选框，则在框中出现符号"√"表示 I0.3 状态为"ON"；若再单击这个位置，那么"√"消失，表示 I0.3 状态为"OFF"。这种改变会立即引起存储区地址中的内容发生相应变化，仿真 CPU 并不等待扫描开始或者结束后才更新变换了的数据。执行用户程序过程中，可以检查并离线修改程序，保存后再下载，之后继续调试。

②模拟定时器时间的方法：直接单击 S7 – PLCSIM 调试界面中的"T = 0"按钮，可迅速到达计时时间。

③调试程序时，为了方便下载，可将 CPU 的状态置于 RUN – P 状态，这样就避免了下载时置于 STOP 状态、运行时置于 RUN 状态的切换。

④清除 CPU 存储器等内容，单击 CPU 的"MRES"按钮，之后调试程序需重新下载。

6. 保存文件

退出仿真软件时，可以保存仿真生成的 LAY 文件及 PLC 文件，便于下次仿真这个项目时直接使用本次的各种设置。LAY 文件用于保存仿真时各视图对象的信息，如选择的数据格式等；PLC 文件用于保存仿真运行时设置的数据和动作，包括程序、硬件组态、设置的运行模式等。

3.7.2　仿真 PLC 与真实 PLC

1. 仿真 PLC 特有的功能

①在 S7 – PLCSIM 中可人为地触发中断，主要包括 OB40 – OB47（硬件中断）、OB70（I/O 冗余错误）、OB72（CPU 冗余错误）、OB73（通信冗余错误）、OB82（诊断中断）和 OB82（插入/移除模块）等。

②可以选择让定时器自动运行或者人为地进行置位/复位。可以针对各个定时器单独复位，也可以同时复位所有定时器。

③可以把仿真 CPU 当作真实的 CPU,改变它的运行模式(STOP/RUN/RUN – P)。此外,S7 – PLCSIM 提供"暂停"功能,允许暂时把 CPU 挂起而不影响程序的状态输出。

④可以记录一系列事件(复制输入/输出存储区、位存储区、定时器、计数器),并能重放记录,实现程序测试的自动化。

⑤可以选择单次扫描或连续扫描。

2. 仿真 PLC 与真实 PLC 的区别

①PLCSIM 不支持写到诊断缓冲区的错误报文,比如不能对电池失电和 EEPROM 故障进行仿真,但是可以对大多数 I/O 错误和程序错误进行仿真。

②不支持功能模块和点对点通信。

③S7 – 300 的大多数 CPU 的 I/O 是自动组态的,模块出入物理控制器后被 CPU 自动识别。仿真 PLC 没有这种自动识别功能。如果将自动识别 I/O 的 S7 – 300CPU 程序下载到仿真 PLC,则系统数据未包含 I/O 组态。因此,在 PLCSIM 仿真 S7 – 300 程序时,如果想定义 CPU 支持的模块,则必须先下载硬件组态。另外,仿真 PLC 中编程的地址如果和硬件组态的地址不一致,则运行仍然正常。但真实 PLC 中编程的地址必须和硬件组态地址一致,否则输入不能被设定或者输出设备无法动作。

④视图对象中的变动会立即使对应的存储区中的内容发生相应的改变。实际的 CPU 要等到扫描结束时才会修改存储区。

总之,利用仿真 PLC 可以基本达到调试程序的目的。

第4章 S7-300/400 软件编程

西门子 S7-300/400 编程语言是符合国际电工委员会(IEC)制定的 PLC 国际标准的编程语言。编程软件 STEP 7 提供指令语句表、梯形图及功能块图三种格式的编程语言,其中梯形图编程方式直观、易学,使用指令语句表编程时可实现其他编程方式无法或不易实现的功能,故本章主要介绍指令语句表及梯形图编程方式。

在 S7 程序编制中,可以采用每个输入和输出都由硬件组态预定义的绝对地址,如I1.0;也可以采用形式参数(符号名),如 Motor. On。S7 编程软件通过符号编辑器可以在符号表中为所有绝对地址分配符号名和数据类型,这些名字可以用于程序的所有部分,即所说的全局变量;另外,对于只在某个功能块或功能中使用的符号名,需在该功能块或功能的变量声明表中登录声明后才可使用,即所说的局部变量。使用符号编程可以大大地改善已生成的 S7 程序的可读性。

4.1 编程基础知识

4.1.1 指令的结构及组成

1. 语句指令

语句指令用助记符表示 PLC 要完成的操作。语句指令由操作码和操作数构成。

操作码用来指定要执行的功能,告诉 CPU 该进行什么操作;操作数内包含执行该操作所必需的信息,告诉 CPU 用什么地方的数据来执行此操作。例如:

操作码　操作数
A　　　 I0.0
AN　　　I0.1
=　　　 Q0.0

有些语句指令不包含操作数,因为它们的操作对象是唯一的。例如:

操作码　操作数
NOT
SET

2. 梯形图指令

梯形图指令由元素和方块图组成,以图形方式连接成程序段。元素和方块图分为下列几组:

(1)元素指令

使用不含地址或参数的单个元素表示某些梯形图逻辑指令。例如:

──│ NOT ├── 该指令完成取反功能

(2)带地址的元素指令

以单个元素的形式表示某些梯形图指令,但是对于这种元素需要输入地址。例如:

该指令设定常开触点

（3）带地址和数值的元素指令

以单个元素的形式表示某些梯形图指令,但是对于这种元素需要输入地址和数值(如时间值或计数值)。例如:

　　　　　 该指令设定延时接通定时器线圈

（4）带参数的方块图指令

用带有表示输入和输出的横线的方块图表示某些梯形图指令。"输入"在方块图的左边,"输出"在方块图的右边。填入输入参数;对于输出参数,填入 STEP 7 能够放置输出信息的存储单元。所填参数必须是相应的数据类型。图 4-1 为实现除法指令的方块图,其中 IN1 和 IN2 表示输入端,OUT 表示输出端。

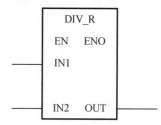

图 4-1　实现除法指令的方块图

4.1.2　数据类型

STEP 7 中有三种数据类型:基本数据、复合数据和参数。本节只对基本数据类型进行说明。在 STEP 7 中有以下几种基本数据:

1. 位

位(bit)存储单元的地址由一个变量标识符、一个字节地址和一个位地址组成。例如,I0.5 中,I 表示输入,字节地址为 0,位地址为 5;在 Q4.2 中,Q 表示输出,字节地址为 4,位地址为 2。

2. 字节

8 位二进制数组成一个字节(BYTE),其中第 0 位表示最低位,第 7 位表示最高位。使用地址标识符 B 表示字节。例如,IB10 表示输入地址为 10 的字节;QB17 表示输出地址为 17 的字节。

3. 字

两个相邻的字节组成一个字(WORD)。使用地址标识符 W 表示字。一般使用的字地址为偶数数字。例如,IW10 表示输入地址为 10 的字,该字包括 IB10 和 IB11 两个字节,其中高字节为 IB10,低字节为 IB11;QW16 表示输出地址为 16 的字,该字包括 QB16 和 QB17 两个字节,其中高字节为 QB16,低字节为 QB17。

4. 双字

双字(DWORD)中包含两个字,四个字节。使用地址标识符 D 表示双字。为了避免交叉,一般使用 4 的倍数作为地址。例如,ID8 表示输入地址为 8 的双字,包括 IB8、IB9、IB10、

IB11 四个字节;QD12 表示输出地址为 12 的双字,包括 QB12、QB13、QB14、QB15 四个字节。

5.16 位整型

16 位整型(INT)的整数为有符号数,整数的最高位为符号位,如果最高位为 0 表示正数,则最高位为 1 表示为负数。其取值范围为 $-2^{15} \sim 2^{15} - 1$。

6.32 位整型

32 位整型(DINT)的整数为有符号数,取值范围为 $-2^{31} \sim 2^{31} - 1$。

7.32 位浮点型

32 位浮点型(REAL)与计算机中的浮点数使用方式和格式相同。PLC 中大多使用整数数据,一般在使用浮点数的时候需要进行数据交换。

8.常数

常数值可以是字节、字或双字的形式,在 CPU 中可以用二进制进行存储,也可以用十进制、十六进制或浮点数形式来表示。

基本数据类型见表 4 - 1。

表 4 – 1 基本数据类型

数据类型	位数	格式	数值范围(低限值~高限值)	举例
BOOL(bit)	1	布尔值	TRUE/FALSE	TRUE
BYTE(byte)	8	十六进制	B#16#0 ~ B#16#FF	B#16#10 byte#16#10
WORD(word)	16	二进制	2#0 ~ 2#1111_1111_1111_1111	2#0001_0000_0000_0000
		十六进制	W#16#0 ~ W#16#FFFF	W#16#1000,word#16#1000
		BCD 码	C#0 ~ C#999	C#998
		无符号十进制	B#(0,0) ~ B#(255,255)	B#(10,20),byte#(10,20)
DWORD (double word)	32	二进制	2#0 ~ 2#1111_1111_1111_ 1111_1111_1111_1111_1111	2#1000_0001_0001_1000_1011_1011_0111_1111
		十六进制	DW#16#0000_0000 ~ DW#16#FFFF_FFFF	DW#16#00A2_1234 dword#16#00A2_1234
		无符号十进制	B#(0,0,0,0) ~ B#(255,255,255,255)	B#(1,14,100,120) byte#(1,14,100,120)
INT(integer)	16	有符号十进制	-32768 ~ 32767	1
DINT(double integer)	32	有符号十进制	L#-2147483648 ~ L#2147483647	L#1
REAL(floating point)	32	IEEE 浮点数	高限: 3. 402823e + 38 低限: 1.175494e -38	1.234567e + 13
S5TIME(SIMATIC time)	16	10 ms 为单位 S5 时间缺省值	S5T#0H_0M_0S_10MS ~ S5T#2H_46M_30S_0MS S5T#0H_0M_0s_0MS	S5T#0H_1M_0S_0MS S5TIME#0H_1M_0S_0MS
TIME(IEC time)	32	1 ms 为单位 IEC 时间,有符号整数	T#-24D_20H_31M_23S_648MS ~ T#24D_20H_ 31M_23S_647MS	T#0D_1H_1M_0S_0MS TIME#0D_1H_1M_0S_0MS
DATE(IEC date)	16	1 天为单位 IEC 日期	D#1990 -1 -1 ~ D#2168 -12 -31	D#1994 -3 -15 DATE#1994 -3 -15
TIME_OF_DAY (time of day)	32	1 ms 为单位日期中时间	TOD#0:0:0. 0 ~ TOD#23:59:59.999	TOD#1:10:3.3 TIME_OF_DAY#1:10:3.3
CHAR(character)	8	字符	'A''B' ……	'E'

4.1.3 存储区域及其功能

表4-2列出了存储区域及其功能和地址范围。

表4-2 存储区域及其功能和地址范围

区域名	区域功能	访问的单位	缩写
输入映象	在每次执行 OB1 扫描循环开始之前,CPU 将输入模块的输入数值复制到输入过程映象表中	输入位	I
		输入字节	IB
		输入字	IW
		输入双字	ID
输出映象	在扫描周期中,程序计算出输出的数值并把它们放入这个区域。在下一次 OB1 循环扫描开始时,CPU 将这些数值传送到输出模块	输出位	Q
		输出字节	QB
		输出字	QW
		输出双字	QD
位存储区	这一区域存储程序中计算的中间结果	存储区位	M
		存储区字节	MB
		存储区字	MW
		存储区双字	MD
I/O 外部输入、输出	这一区域使程序能直接存取输入、输出模块(即外设输入/输出)	外设输入字节	PIB
		外设输入字	PIW
		外设输入双字	PID
		外设输出字节	PQB
		外设输出字	PQW
		外设输出双字	PQD
定时器区域	在该区域提供定时器的存储区	定时器(T)	T
计数器区域	在该区域提供计数器的存储区	计数器(C)	C
数据块区域	共享数据块可供所有逻辑块使用,可用语句"OPEN DB"打开一个共享数据块	数据位	DBX
		数据字节	DBB
		数据字	DBW
		数据双字	DBD
	背景数据块与某一功能块或系统功能块相关联,用"OPEN DI"语句打开一个背景数据块	数据位	DIX
		数据字节	DIB
		数据字	DIW
		数据双字	DID

表4-2(续)

区域名	区域功能	访问的单位	缩写
局部数据	这一区域存放逻辑块(OB、FB 或 FC)用到的暂时数据。这些数据也称为动态局部数据。它们近似中间缓冲区,当相应的逻辑块完成后,这些数据将丢失。这些数据保存在局部数据堆栈(L 堆栈)中	暂存局部数据位	L
		暂存局部数据字节	LB
		暂存局部数据字	LW
		暂存局部数据双字	LD

4.1.4 状态字

状态字用于存放 CPU 执行指令的状态。执行指令时,状态字内容随之变化,并提供程序运行的结果及错误信息,其结构形式如图4-2所示。

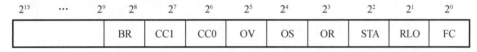

2^{15}	⋯	2^9	2^8	2^7	2^6	2^5	2^4	2^3	2^2	2^1	2^0
			BR	CC1	CC0	OV	OS	OR	STA	RLO	FC

图4-2 状态字的结构形式

状态字的含义如下:

1. FC

FC 是状态字的第 0 位,称为首次检测位(first check bit)。首次检测位表示逻辑操作的开始状态,是 CPU 对逻辑串第一条指令的检测产生的结果,直接保存在状态字的 FC 位中。经过首次检测存放在 FC 中的 0 或 1 称为首次检测结果。该位在逻辑串的开始总是为 0,在逻辑串指令执行过程中为 1;输出指令或与逻辑运算有关的转移指令(表示一个逻辑串结束的指令)时将该位清零。

2. RLO

RLO 是状态字的第 1 位,称为逻辑操作结果位(result of logic operation bit),用于存放一个位逻辑指令或算术比较指令的结果。在程序的第一条指令中,检测信号状态,执行后,将 RLO 置为 1;在程序的第二条指令中,检测信号状态,根据逻辑关系将其与原先存储的 RLO 值组合,得出新的 RLO 值并存储,之后依次类推。当输出指令或转移指令执行时,逻辑串结束。

3. STA

STA 是状态字的第 2 位,称为状态位(status bit),是表示信号的状态,可以是 0,也可以是 1。当电压加在输入端时,状态位为 1,否则为 0。状态位不能用指令检测,它只是在程序测试中被 CPU 解释并使用。

4. OR

OR 是状态字的第 3 位,称为或位。当逻辑操作是与(AND)和或(OR)的组合时,OR 存储 AND 的操作结果,为后续的 OR 操作做准备。当完成操作时,该位被重新清零。

5. OV

OV 是状态字的第 4 位,称为溢出位(overflow bit),用于指示出错。当一个算术指令或一个浮点数比较指令执行出现错误时,它被置为 1。只有执行结果正常后,溢出位才被清零。

6. OS

OS 是状态字的第 5 位,称为存储溢出位(overflow stored bit)。当错误发生时,OS 位被置为 1,同时还具有保存 OV 位的作用;当 OV 位被置为 1 时,OS 位也被置为 1;当 OV 位被清零时,OS 位依然保持。

7. CC1、CC0

CC1 和 CC0 是状态字的第 6、7 位,称为条件码(condition codes)0 和条件码 1。在位逻辑指令、比较指令、算术指令、移位、循环移位指令和字逻辑运算中,条件码都有相应的值表示与 0 的大小关系。

8. BR

BR 是状态字的第 8 位,称为二进制结果位(binary result bit)。在梯形图中,BR 位与 ENO(使能输出端)有对应关系,用于表示方块指令是否执行正确。如果执行错误,则 BR 位为 0,ENO 也为 0;反之,两者均为 1。

4.2 S7 – 300/400 基本编程指令

4.2.1 位逻辑指令

位逻辑指令包含逻辑运算指令、定时器指令、计数器指令和位测试指令等。可以使用位逻辑指令扫描布尔(BOOL)操作数的状态,通过"与"(AND)、"或"(OR)、"异或"(XOR)及其组合操作实现逻辑操作。逻辑操作结果(RLO)可用于赋值、置位/复位布尔操作数,也可用于控制定时器和计数器的运行。

1. 逻辑运算指令

逻辑运算指令是对"0"或"1"的布尔操作数进行扫描,经过相应的位逻辑运算,将逻辑运算结果"0"或"1"发送至状态字的 RLO 位。

(1)标准触点与线圈指令

标准触点指令是指"与"及"与非"指令、"或"及"或非"指令、"异或"及"异或非"指令。当串联常开触点时,形成逻辑"与"的关系,在语句表中,"与"指令用"A 操作数"表示,如图 4 - 3 所示;并联常开触点时,形成逻辑"或"的关系,在语句表中,"或"指令用"O 操作数"表示,如图 4 - 4 所示。

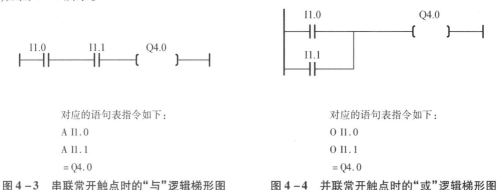

图 4 - 3 串联常开触点时的"与"逻辑梯形图   图 4 - 4 并联常开触点时的"或"逻辑梯形图

如果是常闭触点,就取非状态。串联常闭触点时,形成逻辑"与非"的关系,在语句表中,"与非"指令用"AN 操作数"表示,如图 4 - 5 所示;并联常闭触点时,形成逻辑"或非"的关系,在语句表中,"或非"指令用"ON 操作数"表示,如图 4 - 6 所示。

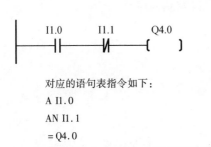

对应的语句表指令如下：

A I1.0

AN I1.1

= Q4.0

图4-5 串联常闭触点时的"与非"逻辑梯形图

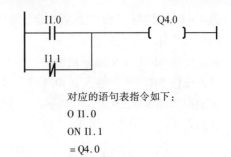

对应的语句表指令如下：

O I1.0

ON I1.1

= Q4.0

图4-6 并联常闭触点时的"或非"逻辑梯形图

如果两个触点满足如图4-7所示的连接形式,则形成了逻辑"异或"关系,在语句表中,可用指令"X 操作数1"和"X 操作数2"表示,取反用 XN 表示。

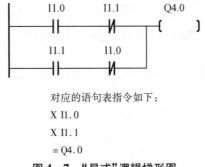

对应的语句表指令如下：

X I1.0

X I1.1

= Q4.0

图4-7 "异或"逻辑梯形图

在 PLC 中,当常开触点对应的地址位为"1"状态时,则该触点闭合;若对应的地址位为"0"状态,则常开触点不动作。当常闭触点对应的地址位为"0"状态时,则该触点闭合;若对应的地址位为"1"状态,则常闭触点断开。

输出指令"="将 RLO 写入地址位,输出指令与线圈相对应。驱动线圈的触点电路接通时,有"能流"流过线圈,RLO = 1,对应的地址位为"1"状态;反之,RLO = 0,对应的地址位为"0"状态。线圈应放在梯形图的最右边。中间输出指令是存储 RLO 的中间赋值元素,该中间赋值元素存储的结果是最后打开的逻辑操作结果。在与其他触点串联的情况下,中间输出与一般触点的功能一样,中间输出指令不能用于输出。触点和线圈指令见表4-3。

表4-3 触点和线圈指令

指令名称	LAD 指令	操作数	数据类型	说明
常开触点	位地址 ┤├	位地址	BOOL TIMERR COUNTER	指令将信号状态的结果放在 RLO,当信号状态是"1"时,表示触点接通
常闭触点	位地址 ┤/├			
输出线圈	位地址 —( )		BOOL	逻辑串赋值输出
中间输出	位地址 —(#)			中间结果赋值输出

例4-1 用"与""或""线圈"指令编写电机启停控制程序。

编程元件地址分配：

启动按钮 SB1(常开触点):I0.0

停止按钮 SB2(常开触点):I0.1

接触器线圈 KM:Q4.0

其梯形图与语句表如图4-8所示。

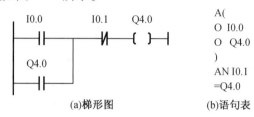

(a)梯形图　　　(b)语句表

图4-8　电机启停梯形图与语句表

例4-2 设计电机正、反转控制电路,其中正转点动按钮必须使正转线圈"自锁",同样反转点动按钮也可以实现同样的要求,而正转和反转线圈要实现"互锁"。

程序:正转启动按钮为I0.0,反转启动按钮为I0.1,停止按钮为I0.2,正转线圈为Q4.0,反转线圈为Q4.1。其梯形图与语句表如图4-9所示。

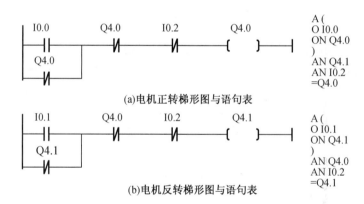

(a)电机正转梯形图与语句表

(b)电机反转梯形图与语句表

图4-9　电机正、反转梯形图与语句表

(2)嵌套表达式和先"与"后"或"

两个和两个以上触点串联的电路称为串联电路块。当逻辑串是串、并联的复杂组合时,CPU的扫描顺序是先"与"后"或"。图4-10给出的是先"或"后"与"的例子,而图4-11给出的是先"与"后"或"的例子。

(3)置位与复位指令

置位(S)与复位(R)指令(组合成RS触发器)根据RLO的值来决定输出信号状态是否需要改变。若RLO的值为1,则相应输出信号的状态被置为1或0;若RLO的值为0,则相应输出信号的状态保持不变。对于置位(S)操作,一旦RLO为1,则输出信号状态被置为1,即使RLO又变为0,输出仍保持为1;对于复位(R)操作,一旦RLO为1,则输出信号状态被置为0,即使RLO又变为0,输出仍保持为0。复位/置位指令可用于结束一个逻辑串(梯级)。复位指令也可用于复位定时器和计数器。

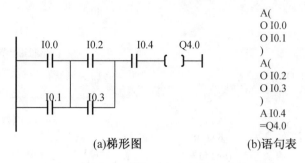

(a)梯形图　　　　　(b)语句表

图4-10　触点先"或"后"与"的梯形图与语句表

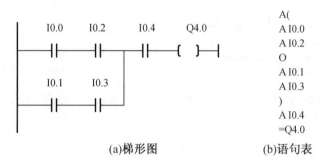

(a)梯形图　　　　　(b)语句表

图4-11　触点先"与"后"或"的梯形图与语句表

在语句表中,置位指令用"S 操作数"表示;复位指令用"R 操作数"表示。复位、置位指令见表4-4。

表4-4　复位、置位指令

LAD 指令	STL 指令	功能	操作数	数据类型	存储区
位地址 ——（ R ）	R 位地址	复位输出	位地址	BOOL TIMER COUNTER	I、Q、M、D L T C
位地址 ——（ S ）	S 位地址	置位输出	位地址	BOOL TIMER COUNTER	I、Q、M、D L T C

置位、复位指令的梯形图、语句表和时序图如图4-12 所示。

从图4-12 中可见,在当前扫描周期,当置位指令和复位指令同时出现时,因为复位指令在后,所以按照扫描的结果,最终执行的是复位指令。

用电机正、反转的例子来说明置位指令和复位指令的执行过程,如图4-13 所示。

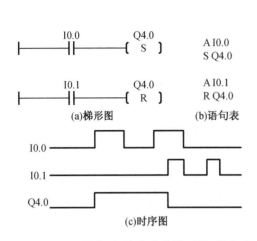

(a)梯形图　　　(b)语句表

(c)时序图

图4-12　置位、复位指令的梯形图、语句表和时序图

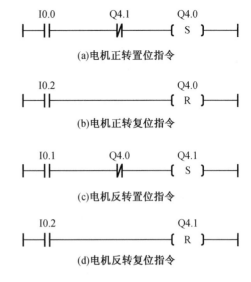

(a)电机正转置位指令

(b)电机正转复位指令

(c)电机反转置位指令

(d)电机反转复位指令

图4-13　电机正、反转置位指令和复位指令

（4）触发器

如果置位/复位指令用功能框表示,就构成了触发器。该功能框有两个输入端(分别是置位输入端 S 和复位输入端 R),有一个输出端 Q(位地址)。触发器可分为两种类型:置位优先型(RS)触发器和复位优先型(SR)触发器。

触发器指令见表4-5。

表4-5　触发器指令

指令名称	LAD 指令	数据类型	操作数	说明
SR 触发器	位地址 SR S　Q R	BOOL	位地址	表示要置位/复位的位
			S	置位输入端
RS 触发器	位地址 RS R　Q S		R	复位输入端
			Q	与位地址对应的存储单元的状态

置位优先型(RS)触发器的梯形图和语句表如图4-14所示。

置位优先型(RS)触发器的复位(R)指令位于置位(S)指令之前,当两个输入端的输入信号均为"1"时,位于后面的置位(S)信号最终有效,即置位优先,触发器输出信号或被置位,或保持置位不变;而复位优先型(SR)触发器的置位(S)指令位于复位(R)指令之前,当两个输入端的输入信号均为"1"时,位于后面的复位(R)信号最终有效,即复位优先,触发器输出信号或被复位,或保持复位不变。

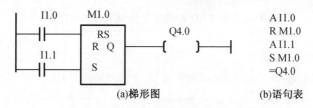

(a)梯形图　　　　　　(b)语句表

图4-14　置位优先型(RS)触发器的梯形图和语句表

例4-3　设计一个三组抢答器,要求三人任意抢答,谁先按按钮,谁的指示灯优先亮,且只能亮一盏灯,进行下一问题时主持人按复位按钮,抢答重新开始。

抢答器有三个输入,分别为 I0.0、I0.1 和 I0.2;输出分别为 Q2.0、Q2.1 和 Q2.2;复位输入是 I0.5。其梯形图如图4-15所示。

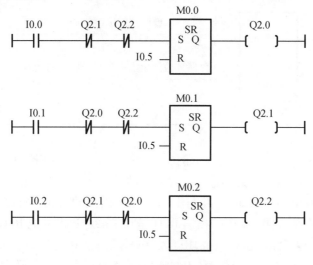

图4-15　抢答器梯形图

(5)触点跳变沿检测指令

触点跳变沿检测指令包括上升沿(FP)指令和下降沿(FN)指令。这些指令检测 RLO 逻辑的跳变并对其做出反应。一个从 0 至 1 的跳变称作"上升沿",而一个从 1 至 0 的跳变称作"下降沿"。其表示形式如图4-16所示。

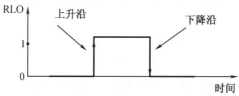

图4-16　上升沿和下降沿的表示形式

S7 中有两类跳变沿检测指令,一类是对 RLO 的跳变沿检测的梯形图指令,见表4-6;另一类是对触点跳变沿直接检测的梯形图方块指令,见表4-7。

表4-6 对RLO的跳变沿检测的梯形图指令

LAD 指令	STL 指令	功能	操作数	数据类型	存储区
位地址 ——{ P }	FP 位地址	RLO 正跳沿检测	位地址	BOOL	I、Q、M、D、L
位地址 ——{ N }	FN 位地址	RLO 负跳沿检测	位地址	BOOL	I、Q、M、D、L

表4-7 对触点跳变沿直接检测的梯形图方块指令

触点正跳沿检测	触点负跳沿检测	参数	数据类型	存储区
位地址1 POS Q M_BIT 地址2	位地址1 NEG Q M_BIT 地址2	（位地址 1） 被检测的位（触点）	BOOL	I、Q、M、D、L
		M_BIT 存储被检测位上一个扫描周期的状态	BOOL	Q、M、D
		Q 单稳输出	BOOL	I、Q、M、D、L

图4-17为RLO上升沿检测指令示例。在这个例子中，若CPU检测到输入I1.0有一个上升沿，则令输出Q4.0的线圈通电一个扫描周期。CPU把A指令操作的逻辑结果（RLO）存放在边沿存储位M1.0中，并与上一个扫描周期的RLO进行比较。如果当前的RLO是1且上一次存放在M1.0中的扫描RLO是0，那么FP指令把RLO置为1。FP语句对此触点检测到一个上升沿（也就是说，RLO的信号状态从0变为1）。如果RLO不变（当前的RLO和先前存放在边沿存储位M1.0的RLO全为0或1），那么FP语句把RLO复位至0。其梯形图如图4-18所示。

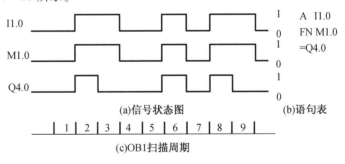

(a)信号状态图　　(b)语句表

(c)OB1扫描周期

图4-17 RLO上升沿检测指令示例

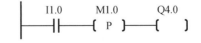

图4-18 RLO上升沿检测的梯形图

表4-8对应于图4-17所示程序的结果状态。

表4-8 I1.0检测上升沿的结果状态表

OB1 扫描周期编号	上一次扫描的输入信号状态	当前输入的信号状态	信号状态是否从0至1	线圈Q4.0是否得电
1	0(缺省值)	0	否	否
2	0	1	是	是
3	1	1	否	否
4	1	0	否	否
5	0	0	否	否
6	0	1	是	是
7	1	0	否	否
8	0	1	是	是
9	1	1	否	否

图4-19为RLO下降沿检测指令示例。在这个例子中,若CPU检测到输入I1.0有一个下降沿,则令输出Q4.0的线圈通电一个扫描周期。CPU把A指令操作的逻辑结果(RLO)存放在边沿存储位M1.0中,并与上一个扫描周期的RLO进行比较。如果当前的RLO是0且上一次存放在M1.0中的扫描RLO是1,那么FN指令把RLO置为1。FN语句对此触点检测到一个下降沿(也就是说,RLO的信号状态从1变为0)。如果RLO不变(当前的RLO和先前存放在边沿存储位M1.0的RLO全为0或1),那么FN语句把RLO复位至0。其梯形图如图4-20所示。

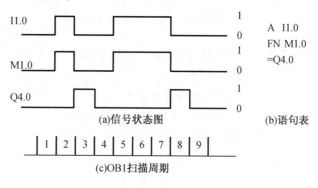

图4-19 RLO下降沿检测指令示例

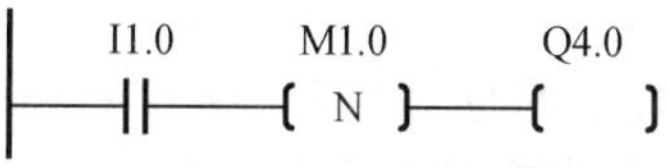

图4-20 RLO下降沿检测的梯形图

表4-9对应于图4-19所示程序的结果状态。

表4-9 I1.0检测下降沿的结果状态表

OB1 扫描周期编号	上一次扫描的输入信号状态	当前输入的信号状态	信号状态是否从1至0	线圈 Q4.0 是否得电
1	0(缺省值)	0	否	否
2	0	1	否	否
3	1	0	是	是
4	0	0	否	否
5	0	1	否	否
6	1	0	否	否
7	1	1	否	否
8	1	0	是	是
9	0	0	否	否

若需要在逻辑串中单独检测某触点的跳变沿,可使用梯形图方块指令。在跳变沿检测方块指令中,由位地址1给出需要检测的触点编号,地址2用于存放该触点在前一个扫描周期的状态,如图4-21所示。

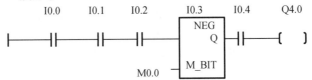

图4-21 触点负跳沿检测示例

在图4-21中,当输入 I0.0、I0.1、I0.2 的信号状态为"1",输入 I0.3 有负跳沿,输入 I0.4 信号状态为"1"时,输出 Q4.0 为1。

(6)对于逻辑操作结果 RLO 的直接操作指令

①取反指令(NOT)可将当前的 RLO 内容取反(或称求反)。如果 RLO 当前为0,则 NOT 把它变为1;如果 RLO 当前为1,则 NOT 把它变为0。NOT 不影响 OR 位和 FC 位,将 STA 位置为1。

其梯形图形式为

$$—|\ NOT\ |—$$

②置位指令(SET)可将当前的 RLO 内容置位1。如果用户程序中需要将 RLO 无条件置位1,则可使用 SET 指令。

③复位指令(CLR)可将当前的 RLO 内容复位0。如果用户程序中需要将 RLO 无条件置位0,则可使用 CLR 指令。CLR 也把状态字中的 FC、OR 和 STA 位复位0。

④保存指令(SAVE)可将当前的 RLO 内容存入状态字的 BR 位中。如果用户程序中需要将 RLO 保存以备将来使用,或想影响 PLC 的状态字的 BR 位,则可以在程序中使用 SAVE 指令将 RLO 存放至 BR 寄存器。

其梯形图形式为

$$—\{\ SAVE\ \}$$

SET、CLR 指令应用程序如下：

语句表	信号状态	逻辑操作结果
SET		1
= M10.0	1	
= M15.1	1	
CLR		0
= M10.1	0	
= M10.2	0	

当 CPU 执行上述指令后，存储位 M10.0 和 M15.1 的信号状态为 1；而存储位 M10.1 和 M10.2 的信号状态为 0。

（7）位逻辑指令对状态字中位的影响

位逻辑指令对状态字中位的影响见表 4-10。

表 4-10　位逻辑指令对状态字中位的影响

指令	OR	STA	RLO	$\overline{FC}$
A	×	×	×	1
AN	×	×	×	1
A(	0	1	—	0
AN(	0	1	—	0
O	0	×	×	1
ON	0	×	×	1
O(	0	1	—	0
ON(	0	1	—	0
X	0	×	×	1
XN	0	×	×	1
X(	0	1	—	0
XN(	0	1	—	0
=	0	×	—	0
CLR	0	0	0	0
FN	0	×	×	1
FP	0	×	×	1
NOT	—	1	×	—
R	0	×	—	0
S	0	×	—	0
SET	0	1	1	0
SAVE	—	—	—	—

注：表中 SAVE 指令仅对 BR 位有影响。

例 4-4　编制风机监控程序。

程序要求：某设备有三台风机，当设备处于运行状态时，如果风机至少有两台以上转动,则指示灯常亮;如果仅有一台风机转动,则指示灯以 0.5 Hz 的频率闪烁;如果没有任何风机转动,则指示灯以 2 Hz 的频率闪烁;当设备不运行时,指示灯不亮。实现上述功能的梯形图和语句表如图 4－22 所示。

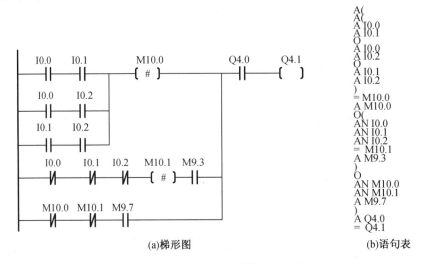

(a)梯形图   (b)语句表

图 4－22　风机监控程序的梯形图和语句表

图 4－22 中,输入位 I0.0、I0.1、I0.2 分别是风机 1、2、3 的输入地址。当风机转动时,信号状态为 1。使用 CPU 中的时钟存储器功能,并将其定义在存储字节 MB9。该时钟信号设定存储位 M9.3 为 2 Hz 频率信号,M9.7 为 0.5 Hz 频率信号。存储位 M10.0 为 1 表示至少有两台风机转动,M10.1 为 1 表示没有风机转动。设备运行状态用输出位 Q4.0 表示,其为 1 时表示设备运行。风机转动状态指示灯由 Q4.1 控制。

关于时钟存储器(Clock Memory)的设置:在 S7 系列 PLC 的 CPU 的位存储器 M 中,可以任意指定一个字节(如 MB100)作为时钟脉冲存储器。当 PLC 运行时,MB100 的各个位能周期性地改变二进制数值,即产生不同频率(或周期)的时钟脉冲。时钟存储器字节产生的时钟脉冲与存储器位的关系见表 4－11。

表 4－11　时钟脉冲与存储器位的关系

位	7	6	5	4	3	2	1	0
时钟脉冲周期/s	2	1.6	1	0.8	0.5	0.4	0.2	0.1
时钟脉冲频率/Hz	0.5	0.625	1	1.25	2	2.5	5	10

时钟存储器的设定是在 STEP 7 中做硬件配置时进行组态,具体方法如下:

①进入 STEP 7 的硬件配置界面,如图 4－23 所示。

②选择 CPU 模块,如图 4－24 所示。

③设置时钟存储器,如图 4－25 所示。

2. 定时器指令

定时器是 PLC 中的重要部件,它用于实现或监控时间序列。例如,定时器可提供等待时间或监控时间,还可产生一定宽度的脉冲,亦可测量时间。定时器是一种由位和字组成的复合单元。定时器的触点由位表示,其定时时间值存储在字存储器中。S7-300系列PLC提供了多种形式的定时器:脉冲定时器(SP)、扩展定时器(SE)、接通延时定时器(SD)、带保持的接通延时定时器(SS)和断电延时定时器(SF)。

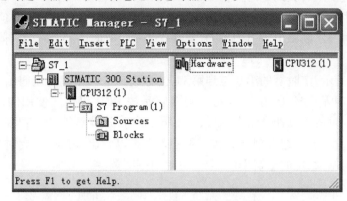

图4-23　STEP 7的硬件配置界面

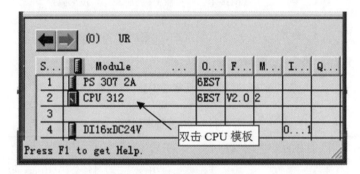

图4-24　选择CPU模块

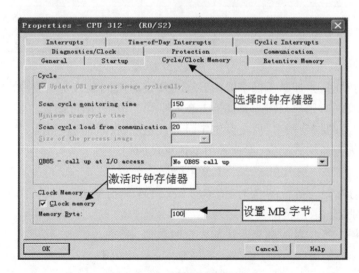

图4-25　设置时钟存储器

(1)定时器组成

CPU的存储器中留有定时器区域,该区域用于存储定时器的定时时间值。每个定时器为 2 字节,称为定时字。在 S7 - 300 中,定时器区域为 512 字节,因此最多允许使用 256 个定时器。因为定时器区域的编址(以 T 打头后跟定时器号,只能按字访问)和存储格式特殊,所以只有通过使用有关的定时器指令才能对该区域进行访问。

S7 中定时时间由时基和定时值两部分组成,定时时间等于时基与定时值的乘积。当定时器运行时,定时值不断减 1,直至减到 0,减到 0 表示定时时间到。定时时间到后会引起定时器触点的动作。

如图 4 - 26 所示,定时器的第 0 位到第 11 位存放二进制格式的定时值,第 12、13 位存放二进制格式的时基。这 12 位二进制代码实际是按 BCD 码格式使用的,因此其范围是 0 ~ 999。时基和定时值可以任意组合,以得到不同的定时分辨率和定时时间。表 4 - 12 中给出了时基与定时值可能的组合情况。从表 4 - 12 中可以看出,时基小,定时分辨率高,但定时时间范围窄;时基大,定时分辨率低,但定时时间范围宽。

图 4 - 26　累加器 1 低字的内容(定时值 127)

表 4 - 12　时基与定时值

时基	时基的二进制代码	分辨率	定 时 范 围
10 ms	00	0.01 s	10 ms ~ 9 s 990 ms
100 ms	01	0.1 s	100 ms ~ 1 min 39 s 900 ms
1 s	10	1 s	1 s ~ 16 min 39 s
10 s	11	10 s	10 s ~ 2 h 46 min 30 s

当定时器启动时,累加器 1 低字的内容被当作定时时间装入定时字中。这一过程是由操作系统自动完成的,用户只需为累加器 1 装入不同的数值,即可设置需要的定时时间。为累加器 1 装入数值的指令很多,但在设定定时器设定值时,累加器 1 低字中的数据应符合下面所示的格式,为避免格式错误,推荐采用下述直观的句法:

L W#16#wxyz

其中,w、x、y、z 均为十进制数;w 为时基,取值 0、1、2 或 3,分别表示时基为 10 ms、100 ms、1 s 或 10 s;xyz = 定时值,取值范围为 1 ~ 999。

也可直接使用 S5 中的时间表示法装入定时数值,例如:

L S5T#aH—bbM—ccS—dddMS

其中,a = h,bb = min,cc = s,ddd = ms,范围为 10 ms ~ 2 h 46 min 30 s。此时,时基是自动选择的,原则是根据定时时间选择能满足定时范围要求的最小时基。

(2)定时器启动与运行

PLC 中的定时器相当于时间继电器,在使用时间继电器时要为其设置定时时间。当时间继电器的线圈通电后,时间继电器被启动,若定时时间到,则继电器的触点动作;当时间继电器的线圈断电时,也将引起其触点动作,该触点可以在控制线路中控制其他继电器。

S7 中的定时器与时间继电器的工作特点相似,对定时器同样要设置定时时间,也要启动定时器(使定时器线圈通电)。除此之外,定时器还增加了一些功能,如随时复位定时器、随时重置定时时间(定时器再启动)、查看当前剩余定时时间等。

表4-13 为各种定时器启动指令。图4-27 显示了各种定时器。

表4-13　各种定时器启动指令

LAD 指令	STL 指令	功能	说明
Tno ——{ SP } 时间值	SP T no.	启动脉冲定时器	T no. 为定时器号,数据类型为 TIMER;时间值的数据类型为 S5TIMER;STL 指令的初始值在累加器1 中
Tno ——{ SE } 时间值	SE T no.	启动扩展脉冲定时器	以扩展脉冲定时器方式工作(其他同上)
Tno ——{ SD } 时间值	SD T no.	启动接通延时定时器	以接通延时定时器方式工作(其他同上)
Tno ——{ SS } 时间值	SS T no.	启动保持型接通延时定时器	以保持型接通延时定时器方式工作(其他同上)
Tno ——{ SF } 时间值	SF T no.	启动关断延时定时器	以关断延时定时器方式工作(其他同上)

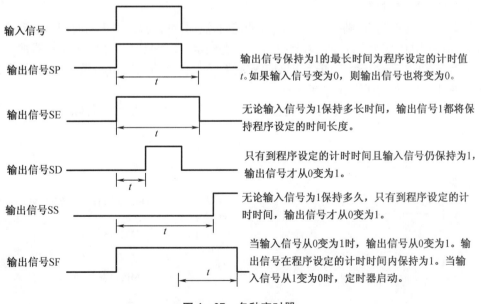

图4-27　各种定时器

①脉冲定时器

如果 RLO 有正跳沿,则脉冲定时器(SP)启动,以给出的时间值启动指定的定时器。只要 RLO 为 1,定时器就保持运行。在定时器运行时,其常开触点闭合,即对该定时器按 1 扫描的结果为 1;当定时时间到,常开触点断开,对 1 信号的扫描结果为 0。若在给定的时间(即定时时间)过去之前 RLO 由 1 变为 0,则定时器被复位至启动前的状态,在这种情况下,定时器的常开触点断开。

图 4 – 28 为脉冲定时器的梯形图与语句表。图 4 – 29 为脉冲定时器的时序图。

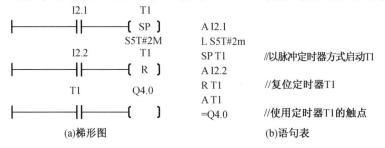

图 4 – 28　脉冲定时器的梯形图与语句表

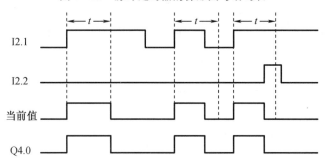

图 4 – 29　脉冲定时器的时序图

②扩展脉冲定时器

如果 RLO 有正跳沿,则扩展(输入)脉冲定时器(SE)启动,以给出的时间值启动指定的定时器,即使 RLO 变为 0,定时器仍保持运行,直到定时时间到后才停止(定时器被复位)。在定时器运行时,其常开触点闭合,即对该定时器按 1 扫描的结果为 1;若定时时间到,则常开触点断开,对 1 信号的扫描结果为 0。

扩展脉冲定时器的梯形图与语句表如图 4 – 30 所示。扩展脉冲定时器的时序图如图 4 – 31 所示。

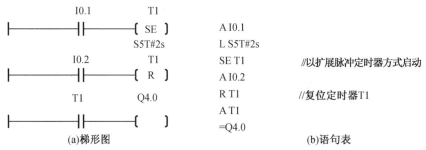

图 4 – 30　扩展脉冲定时器的梯形图与语句表

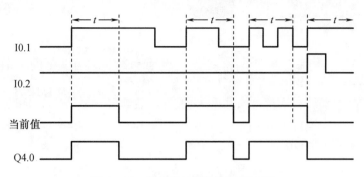

图 4-31 扩展脉冲定时器的时序图

③接通延时定时器

如果 RLO 有正跳沿,则接通延时定时器(SD)启动,以给出的时间值启动指定的定时器。若定时时间到,则常开触点闭合并保持(对 1 信号的扫描结果为 1)。直到 RLO 变为 0,定时器才被复位至启动前的状态,此时定时器的常开触点断开。若在给定的时间(即定时时间)过去之前 RLO 由 1 变为 0,则定时器也被复位。图 4-32 为接通延时定时器的梯形图与语句表。图 4-33 为接通延时定时器的时序图。

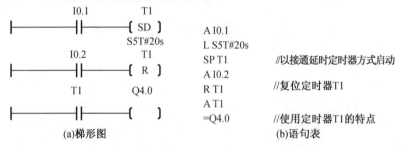

图 4-32 接通延时定时器的梯形图与语句表

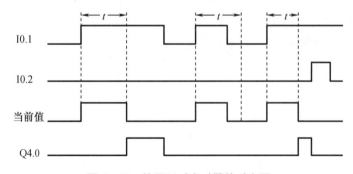

图 4-33 接通延时定时器的时序图

④保持型接通延时定时器

如果 RLO 有正跳沿,则保持型接通延时定时器(SS)启动,以给出的时间值启动指定的定时器,即使 RLO 变为 0,定时器仍保持运行。此时,定时器常开触点断开(即对该定时器按 1 扫描的结果为 0);当定时时间到后,常开触点闭合并保持。若 RLO 再有一个正跳沿,则定时器重新启动,只有用复位指令才能复位该定时器。图 4-34 为保持型接通延时定时器的梯形图与语句表。图 4-35 为保持型接通延时定时器的时序图。

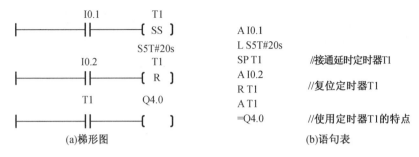

(a)梯形图   (b)语句表

图4－34　保持型接通延时定时器的梯形图与语句表

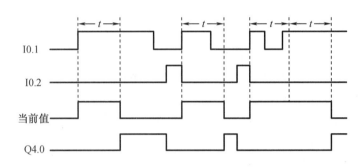

图4－35　保持型接通延时定时器的时序图

⑤关断延时定时器

如果 RLO 有负跳沿,则关断延时定时器(SF)启动,以给出的时间值启动指定的定时器。当 RLO 为 1 或在定时器运行时,其常开触点闭合,即对该定时器按 1 扫描的结果为 1;若定时时间到,则常开触点断开。若在给定的时间(即定时时间)过去之前 RLO 由 0 变为 1,则定时器被复位至启动前的状态,一直到 RLO 从 1 变为 0 之前,定时器不再启动(使用 FR 指令除外)。关断延时定时器的语句表和时序图如图4－36所示。

A I2.1

L S5T#2m23s

SF T1　　　　　　//以关断延时定时器方式启动 T1

A I2.2

R T1　　　　　　//复位定时器 T1

A 1

= Q4.0　　　　　　//使用定时器 T1 的触点

L T1　　　　　　//将定时器 T1 的剩余定时时间装入累加器 1(以整数格式)

T MW10　　　　　//将累加器 1 的内容传至 MW10

LC T1　　　　　　//将定时器 T1 的剩余定时时间装入累加器 1(以 BCD 码格式)

T MW12　　　　　//将累加器 1 的内容传至 MW12

(a)语句表

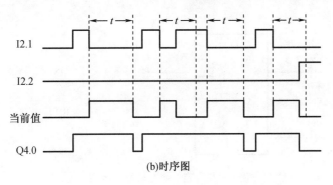

(b)时序图

图4-36　关断延时定时器的语句表和时序图

（3）定时器的梯形图方块指令

表4-14列出了S7定时器的梯形图方块指令格式。表4-15对S7定时器梯形图方块指令的参数进行了说明。

表4-14　S7定时器的梯形图方块指令格式

类型	脉冲定时器	扩展脉冲定时器	接通延时定时器	保持型接通延时定时器	关断延时定时器
梯形图	Tno S_PULSE S　　Q TV　　BI 　　　BCD R	Tno S_PEXT S　　Q TV　　BI 　　　BCD R	Tno S_ODT S　　Q TV　　BI 　　　BCD R	Tno S_ODTS S　　Q TV　　BI 　　　BCD R	Tno S_OFFDT S　　Q TV　　BI 　　　BCD R

表4-15　S7定时器梯型图方块指令的参数

参数	数据类型	存储区	说明
no.	TIMER	—	定时器编号
S	BOOL	I、Q、M、D、L	启动输入
TV	S5TIME	I、Q、M、D、L	设置定时时间（S5TIME格式）
R	BOOL	I、Q、M、D、L	复位输入
Q	BOOL	I、Q、M、D、L	定时器状态输出（触点开闭状态）
BI	WORD	I、Q、M、D、L	剩余时间输出（二进制码格式）
BCD	WORD	I、Q、M、D、L	剩余时间输出（BCD码格式）

图4-37为定时器方块编程示例，显示了接通延时定时器方块的用法，相对应的语句表位于图右侧。其中，输入I0.0控制定时器T5启动；输入I0.1控制定时器复位；定时时间为2s；定时器的状态用于控制输出Q4.0。

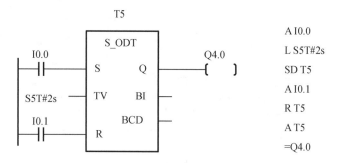

图 4-37 定时器方块编程示例

（4）定时器应用举例

①脉冲发生器

用定时器可构成脉冲发生器,这里用了两个定时器产生频率占空比均可设置的脉冲信号。在本例中,当输入 I0.0 为 1 时,输出 Q4.0 为"1""0"交替进行。图 4-38 是脉冲发生器的时序图,脉冲信号的周期为 3 s,脉冲宽度为 1 s。图 4-39 为脉冲发生器的梯形图,对应的语句表位于图 4-39 右侧。在程序中,用定时器 T1 设置输出 Q4.0 为 1 的时间（脉冲宽度）,Q4.0 为 0 的时间由定时器 T2 设置为 2 s。

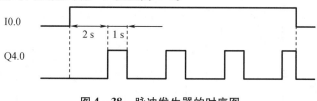

图 4-38 脉冲发生器的时序图

②频率监测器

频率监测器用于监测脉冲信号的频率,若其低于下限,则指示灯亮,"确认"按键能使指示灯复位。

为此,使用扩展脉冲定时器,每当频率信号有一个上升沿就启动一次定时器。如果超过了定时时间没有启动定时器,则表明两个脉冲之间的时间间隔太长,即频率太低。图 4-40 为频率监测器的时序图。

在频率监测程序中,输入 I0.0 用于关闭监测器;输入 I0.1 用于确认频率低;输出 Q4.0 用以控制指示灯。定时器 T1 的定时时间为 2 s,即设置脉冲信号 M10.0 的频率监测下限为 0.5 Hz。频率监测器的梯形图和语句表如图 4-41 所示。

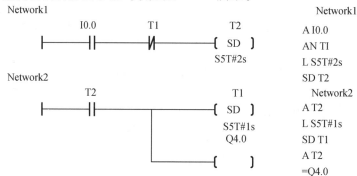

图 4-39 脉冲发生器的梯形图

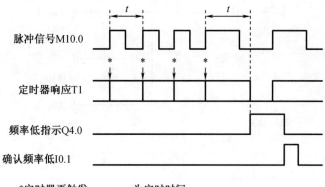

脉冲信号M10.0

定时器响应T1

频率低指示Q4.0

确认频率低I0.1

*定时器再触发　　　*t*为定时时间

图4-40　频率监测器的时序图

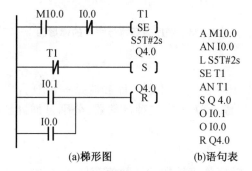

(a)梯形图　　　　　(b)语句表

```
A M10.0
AN I0.0
L S5T#2s
SE T1
AN T1
S Q4.0
O I0.1
O I0.0
R Q4.0
```

图4-41　频率监测器的梯形图和语句表

③顺序循环执行程序

接通 I0.0 后,灯 Q4.0 亮;5 s 后,灯 Q4.0 灭,灯 Q4.1 亮;5 s 后,灯 Q4.1 灭,灯 Q4.2 亮;再过 5 s 后,灯 Q4.2 灭,灯 Q4.0 亮,如此顺序循环。其时序图如图 4-42 所示,梯形图如图 4-43 所示。

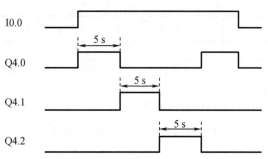

图4-42　顺序循环执行程序的时序图

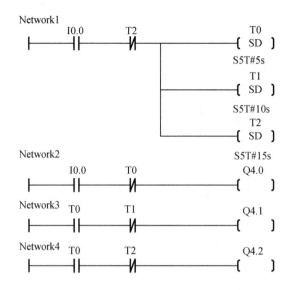

图 4 – 43 顺序循环执行程序的梯形图

3. 计数器指令

S7 中的计数器用于对 RLO 正跳沿计数。计数器是一种复合单元,它由表示当前计数值的字和表示其状态的位组成。S7 中有三种计数器,分别是加计数器、减计数器和可逆计数器。

(1)计数器组成

在 CPU 中保留一块存储区作为计数器计数值存储区,每个计数器占用两个字节,称为计数器字。计数器字中的第 0 至 11 位表示计数值(二进制格式),计数范围为 0 ~ 999。当计数值达到上限 999 时,累加停止;计数值达到下限 0 时,将不再减小。对计数器进行置数(设置初始值)操作时,累加器 1 低字的内容被装入计数器字。计数器的计数值将以此为初值增加或减小。可以用多种方式为累加器 1 置数,但要确保累加器 1 低字符合图 4 – 44 规定的格式。表 4 – 16 列出了计数器指令及其功能。

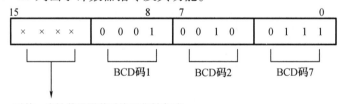

图 4 – 44 累加器 1 低字的内容(计数器 127)

表 4 – 16 计数器指令及其功能

LAD 指令	STL 指令	功能	说明
Cno. ——{ SC } 预置值	SC C no.	计数器置初始值	为计数器置初始值,其中 no. 为计数器编号,数据类型为 COUNTER;预置值的数据类型为 WORD;可用存储区为 I、Q、M、D、L,也可为常数;STL 指令的初始值在累加器 1 中

表4-16(续)

LAD 指令	STL 指令	功能	说明
Cno. —[CU]	CU C no.	加计数	执行指令时,RLO 每有一个正跳沿计数值加1,若达上限999,则停止累加
Cno. —[CD]	CD C no.	减计数	执行指令时,RLO 每有一个正跳沿计数值减1,若达下限0,则停止减小
	FR C no.	允许计数器再启动	若 RLO 为1,则初始值再次装入,这不是计数器正常运行的必要条件

(2)计数器指令

使用复位指令 R 可复位计数器,计数器被复位后,其计数值被清0,计数器输出状态也为0(常开触点断开)。计数器的各项操作,应按下列顺序(编程顺序)进行:加计数、减计数、计数器置数、计数器复位、使用计数器输出状态信号和读取当前计数值。

(3)计数器的梯形图方块指令

表4-17列出了 S7 计数器的梯形图方块指令格式,表4-18对其参数进行了说明。

表4-17 S7 计数器的梯形图方块指令格式

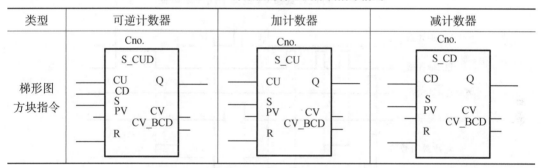

表4-18 S7 计数器梯形图方块指令的参数

参数	数据类型	存储区	说明
no.	COUNTER	I、Q、M、D、L	计数器标识号,范围与 CPU 有关
CU	BOOL	I、Q、M、D、L	加计数输入
CD	BOOL	I、Q、M、D、L	减计数输入
S	BOOL	I、Q、M、D、L	计数器预置输入
PV	WORD	I、Q、M、D、L	计数初始值输入(BCD 码,范围为0~999)
R	BOOL	I、Q、M、D、L	复位计数器输入
Q	BOOL	I、Q、M、D、L	计数器状态输出
CV	WORD	I、Q、M、D、L	当前计数值输出(整数格式)
CV_BCD	WORD	I、Q、M、D、L	当前计数值输出(BCD 格式)

在图4-45中,使用了可逆计数器梯形图方块指令。输入I2.1的正跳沿使计数器C1的计数值增加;输入I2.2使计数值减小。计数器C1的状态用于控制输出Q4.0。给C1预置的初始值是3,当I2.3有正跳沿时,该值被置入计数器C1。图4-46显示了可逆计数器C1的时序。

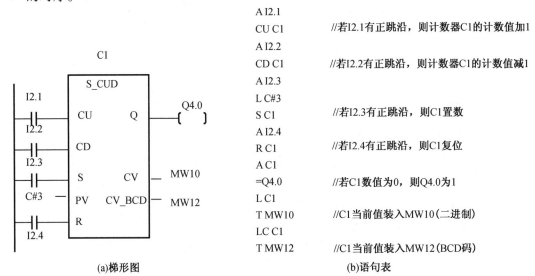

(a)梯形图   (b)语句表

图4-45 可逆计数器C1的梯形图和语句表

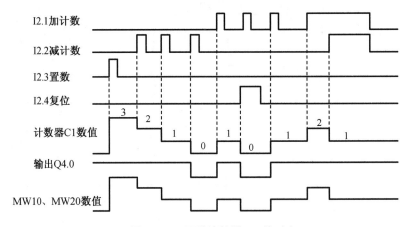

图4-46 可逆计数器C1的时序

(4)计数器应用举例

①当定时器不够时,可以将计数器扩展为定时器。图4-47显示了用减计数器扩展定时器的梯形图程序,程序中使用了CPU的时钟存储器。在对CPU配置时,设置MB0为时钟存储器,则M0.0的变化周期为0.1 s。

在该程序中,I0.1的正跳沿为减计数器C1置数。若I0.0为1,则C1每0.1 s减1。当C1减为0后,输出Q4.0为1。I0.1的又一个正跳沿使C1置数并使输出为0。这样,在I0.0为1后2 s(20×0.1 s=2 s),Q4.0为1,I0.1的正跳沿使Q4.0复位。

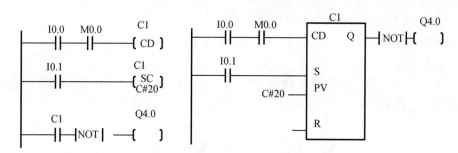

图 4-47　用减计数器扩展定时器的梯形图程序

②接通 I0.0 后,灯 Q4.0 亮;5 s 后,灯 Q4.0 灭,灯 Q4.1 亮;5 s 后,灯 Q4.1 灭,灯 Q4.2 亮;再过 5 s 后,灯 Q4.2 灭,灯 Q4.0 亮,如此顺序循环 10 次后自动停止。其梯形图如图 4-48 所示。

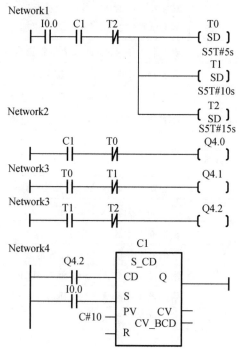

图 4-48　计数器顺序循环梯形图

4.2.2　装入和传送指令

执行装入(L)和传送(T)指令可以在存储区之间或存储区与过程输入、输出之间交换数据。CPU 执行这些指令不受逻辑操作结果(RLO)的影响。

S7 的 CPU 有两个 32 位的累加器,即累加器 1 和累加器 2。累加器 1 是主累加器,累加器 2 是辅助累加器。

L 指令将源操作数装入累加器 1 中,而累加器 1 中原有的数据被移入累加器 2 中,累加器 2 中原有的内容被覆盖。T 指令将累加器 1 中的内容写入目的存储区中,累加器 2 中的内容保持不变。L 和 T 指令可对字节(8 位)、字(16 位)、双字(32 位)数据进行操作。当数据长度小于 32 位时,数据在累加器右对齐(低位对齐),其余各位填 0。

1. 对累加器 1 的装入和传送操作

装入和传送操作有三种寻址方式:立即寻址、直接寻址和间接寻址

(1)立即寻址

L 指令可以对 8 位、16 位和 32 位常数以及 ASCII 字符进行寻址操作。这种寻址类型称为立即寻址,见表 4 - 19。

表 4 - 19　立即寻址 L 指令

地址	例子	解释
+/-…	L +5	累加器 1 中装入一个 16 位整数常数
B#(…)	B#(1,10)	累加器 1 中装入 2 个独立的字节(在本例中,将 10 装入累加器 1 低字中的低字节,将 1 装入累加器 1 低字中的高字节)
	L B#(1,10,5,4)	累加器 1 中装入 4 个独立的字节(在本例中,将 5 和 4 装入累加器 1 低字中,将 1 和 10 装入累加器 1 高字中)
L#	L　L#+5	累加器 1 中装入一个 32 位整数常数
16#…	L B#16#EF	累加器 1 中装入一个 8 位 16 进制常数
	L W#16#FAFB	累加器 1 中装入一个 16 位 16 进制常数
	L DW#16#1FFE_1ABC	累加器 1 中装入一个 32 位 16 进制常数
2#…	L 2#1111_0000_1111_0000 L 2#1111_0000_1111_0000_	累加器 1 中装入 16 位二进制常数
	1111_0000_1111_0000	累加器 1 中装入 32 位二进制常数
'…'	L 'AB'	累加器 1 中装入 2 个字符
	L 'ABCD'	累加器 1 中装入 4 个字符
C#…	L C#100	累加器 1 中装入 16 位计数常数
S5T#…	L S5T#2S	累加器 1 中装入 16 位 S5 TIME 时间常数
…	L 1.0E+5	累加器 1 中装入 32 位 IEEE 浮点数
P#	L P# I1.0	累加器 1 中装入 32 位指针
	L P# # Start	累加器 1 中装入 32 位指向局部变量(Start)的指针
	L P#ANNA	累加器 1 中装入特定参数的指针
D#	L D#1994_3_15	累加器 1 中装入 16 位日期值
T#	L T#0D_1H_1M_0S_0MS	累加器 1 中装入 32 位时间值
TOD#	L TOD#1:10:33	累加器 1 中装入 32 位日期值

(2)直接寻址和间接寻址

L 和 T 指令可以对各存储区内的字节、字、双字进行直接寻址或间接寻址。表 4 - 20 列出了 L 和 T 指令的直接与间接寻址方式及范围。

表4-20　L和T指令的直接与间接寻址方式及范围

地址标识符	直接寻址范围	区域内存储器间接寻址范围		区域内寄存器间接寻址范围		例子
IB	0~65 535					
IW	0~65 534					
ID	0~65 532	［DBD］		［AR1,P#byte.bit］		L　IB［DBD10］
QB	0~65 535	［DID］	0~65 532	0~8 191		T　QW［LD2］
QW	0~65 534	［LD］		［AR2,P#byte.bit］		L　IW［AR1,P#8.0］
QD	0~65 532	［MD］				
PIB(只能L)	0~65 535					
PIW(只能L)	0~65 534					
PID(只能L)	0~65 532	［DBD］		［AR1,P#byte.bit］		L　PIW［LD0］
PQB(只能T)	0~65 535	［DID］	0~65 532	0~8 191		T　PQW［MD10］
PQW(只能T)	0~65 534	［LD］		［AR2,P#byte.bit］		T　PQ［AR2,P#4.0］
PQD(只能T)	0~65 532	［MD］				
MB	0~65 535	［DBD］		［AR1,P#byte.bit］		L　MB［DID8］
MW	0~65 534	［DID］	0~65 532	0~8 191		
MD	0~65 532	［LD］［MD］		［AR2,P#byte.bit］		T　MW［MD10］
DBB	0~65 535					
DBW	0~65 534					
DBD	0~65 532					L　DBB［MD0］
DIB	0~65 535	［DBD］		［AR1,P#byte.bit］		L　DIW［MD4］
DIW	0~65 534	［DID］	0~65 532	0~8 191		T　LD［DBD10］
DID	0~65 532	［LD］		［AR2,P#byte.bit］		T　LD［AR2,P#20.0］
LB	0~65 535	［MD］				
LW	0~65 534					
LD	0~65 532					

存储区包括:①过程暂存输入、输出区(地址标识符为 IB、IW、ID、QB、QW、QD);②外部输入、输出区(地址标识符为 PIB、PIW、PID、PQB、PQW、PQD)(外部输入区只能通过 L 指令进行寻址,外部输出区只能通过 T 指令进行寻址);③位存储区(地址标识符为 MB、MW、MD);④数据块(地址标识符为 DBB、DBW、DBD、DIB、DIW、DID);⑤局部数据(临时局部数据,地址标识符为 LB、LW、LD)。

(3)存储器区间间接寻址

此处不做详细介绍。

2.读取或传送状态字

读取或传送状态字的示例如下:

L STW 　　　//将状态字0~8位装入累加器1低字中,累加器1的9~31位被清0

T STW 　　　//将累加器1中的内容传送至状态字中

值得注意的是,对于 S7 – 300 系列的 CPU,"L STW"指令不装入状态字中的 FC、STA 和 OR 位,只有 1 位、4 位、5 位、6 位、7 位、8 位装入累加器 1 低字中相应的位置。

3. 装入时间值或计数值

定时器字中的剩余时间值以二进制格式保存,用 L 指令从定时器字中读出二进制时间值装入累加器 1 中,称为直接装载。此外,也可用 LC 指令以 BCD 码格式读出时间值,装入累加器 1 低字中,称为 BCD 码格式读出时间值。以 BCD 码格式装入时间值可以同时获得时间值和时基,时基与时间值相乘就得到定时剩余时间。例如:

L T1　　　　　//将定时器 T1 中二进制格式的时间值直接装入累加器 1 的低字中

LC T1　　　　//将定时器 T1 中的时间值和时基以 BCD 码格式装入累加器 1 的低字中

对当前计数值也有直接装载和以 BCD 码格式读出计数值之分。例如:

L C1　　　　　//将计数器 C1 中二进制格式的计数值直接装入累加器 1 的低字中

LC C1　　　　//将计数器 C1 中的计数值以 BCD 码格式装入累加器 1 的低字中

4. 地址寄存器装入和传送

(略)

5. 梯形图方块传送指令

表 4 – 21 为梯形图方块传送指令。

表 4 – 21　梯形图方块传送指令

LAD 方块	参数	数据类型	存储区	说明
MOVE EN　ENO IN　　O	EN	BOOL	I、Q、M、D、L	允许输入
	ENO	BOOL		允许输出
	IN	8 位、16 位、32 位长的所有数据类型		源数值(也可为常数)
	O	8 位、16 位、32 位长的所有数据类型		目的操作数

方块传送(MOVE)指令为变量赋值。如果允许输入端 EN 为 1,则执行传送操作,使输出 O 等于输入 IN,并使 ENO 为 1;如果 EN 为 0,则不进行传送操作,并使 ENO 为 0。ENO 总保持与 EN 相同的信号状态。

用 MOVE 方块指令能传送数据长度为 8 位、16 位和 32 位的所有基本数据类型(包括常数)。但传送用户自定义的数据类型(如数组或结构),则必须用系统集成功能(SFC)进行。图 4 – 49 显示了 MOVE 方块指令的用法。

若输入位 I0.0 为 1,则执行该操作,存储字 MW10 的内容被传送至数据字 DBW12,输出位 Q4.0 为 1;若输入位 I0.0 为 0,则不执行该操作,输出 Q4.0 为 0。

下面是与图 4 – 49 的梯形图方块指令完全对应的语句表程序:

A I0.0

JNB _0001

L MW10

T DBW12

SET　　　　　//使 RLO 为 1

SAVE　　　　 //使 BR 为 1

```
    CLR
_0001:A BR
    =  Q4.0
```

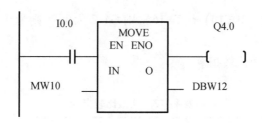

图 4-49   MOVE 方块指令的用法

4.2.3   比较指令

比较指令用于比较累加器 2 与累加器 1 中的数据大小。比较时应确保两个数的数据类型相同,数据类型可以是整数、长整数或实数。若比较的结果为真,则 RLO 为 1,否则为 0。比较指令影响状态字,用指令测试状态字有关位,可得到两个数更详细的情况。

1. 比较两个整数或长整数

表 4-22 列出了整数比较指令及其含义。

表 4-22   整数比较指令及其含义

指令	说明
= = I	在累加器 2 低字中的整数是否等于累加器 1 低字中的整数
= = D	在累加器 2 中的长整数是否等于累加器 1 中的长整数
< > I	在累加器 2 低字中的整数是否不等于累加器 1 低字中的整数
< > D	在累加器 2 中的长整数是否不等于累加器 1 中的长整数
> I	在累加器 2 低字中的整数是否大于累加器 1 低字中的整数
> D	在累加器 2 中的长整数是否大于累加器 1 中的长整数
< I	在累加器 2 低字中的整数是否小于累加器 1 低字中的整数
< D	在累加器 2 中的长整数是否小于累加器 1 中的长整数
> = I	在累加器 2 低字中的整数是否大于等于累加器 1 低字中的整数
> = D	在累加器 2 中的长整数是否大于等于累加器 1 中的长整数
< = I	在累加器 2 低字中的整数是否小于等于累加器 1 低字中的整数
< = D	在累加器 2 中的长整数是否小于等于累加器 1 中的长整数

下面的例子比较了存储字 MW10 和输入字 IW10 中整数的大小。如果两个整数相等,则输出 Q4.0 为 1;若 MW10 中的数大,则输出 Q4.1 为 1;若 IW10 中的数大,则输出 Q4.2 为 1。

```
L MW10          //第一个待比较的数装入累加器 1
L IW10          //第二个待比较的数装入累加器 1,第一个数被装入累加器 2
= = I
= Q4.0          //若(MW10)=(1W10),则 Q4.0 为 1,否则为 0
```

>I

= Q4.1   //若(MW10)>(IW10),则Q4.1为1,否则为0

<I

= Q4.2   //若(MW10)<(IW16),则Q4.2为1,否则为0

2. 比较两个实数

表4-23列出了实数比较指令。

表4-23 实数比较指令

指令	说明
= = R	在累加器2中的32位实数是否等于累加器1中的实数
< > R	在累加器2中的32位实数是否不等于累加器1中的实数
> R	在累加器2中的32位实数是否大于累加器1中的实数
< R	在累加器2中的32位实数是否小于累加器1中的实数
> = R	在累加器2中的32位实数是否大于等于累加器1中的实数
< = R	在累加器2中的32位实数是否小于等于累加器1中的实数

在下面的例子中,如果存储双字 MD24 中的实数大于 1.0,则输出 Q4.1 为 1;若小于 1.0,则输出 Q4.2 为 1。

L MD24

L +1.00E +00

>R

= Q4.1   //若(MD24)> +1.00E +00,则Q4.1为1,否则为0

<R

= Q4.2   //若(MD24)< +1.00E +00,则Q4.2为1,否则为0

3. 梯形图方块比较指令

梯形图方块比较指令(表4-24)能比较两个同类型的数,表4-25列出了梯形图方块比较指令的参数。被比较的数可以是两个整数、两个长整数或两个实数。比较方块的数值输入端分别为 IN1 和 IN2。比较操作是用 IN1 去和 IN2 比较,如 IN1 是否大于等于 IN2。

表4-24 梯形图方块比较指令

比较的类型	方块上部的符号	整数比较举例	长整数比较举例	实数比较举例
IN1 等于 IN2	= =			
IN1 不等于 IN2	< >	CMP ==I	CMP <>D	CMP <R
IN1 大于 IN2	>			
IN1 小于 IN2	<	IN1 IN2	IN1 IN2	IN1 IN2
IN1 大于等于 IN2	> =			
IN1 小于等于 IN2	< =	(举例:等于)	(举例:不等于)	(举例:小于)

表4-25 梯形图方块比较指令的参数

参数	数据类型	存储区	说明
IN1	INT DINT REAL	I、Q、M、D、L	第一个参与比较的数
IN2	INT DINT REAL	I、Q、M、D、L	第二个参与比较的数

梯形图方块比较指令在逻辑串中等效于一个常开触点。如果比较结果为"真",则该常开触点闭合(电流可流过触点),否则触点断开。图4-50为长整数比较指令的用法。

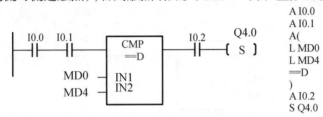

图4-50 长整数比较指令的用法

4.应用举例

(1)图4-51所示是一个限值监测程序,当数据字 DBW15 的值大于 105 时,输出 Q4.0 为 1;当数据字 DBW15 的值小于 77 时,输出 Q4.1 为 1;数值为 77~105 时,输出 Q4.0 和 Q4.1 均为 0。图4-51 中左面是梯形图指令,右面是与其对应的语句表程序。

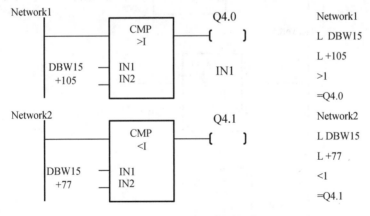

图4-51 限值监测程序

(2)图4-52 所示为计数器扩展程序。在 S7-300 中,单个的计数器的最大计数值为 999,如果技术范围超过 999 就需要对计数器的技术范围进行扩展。使用数据传送指令和比较指令,可以将计数器的计数范围扩展为 999^2。

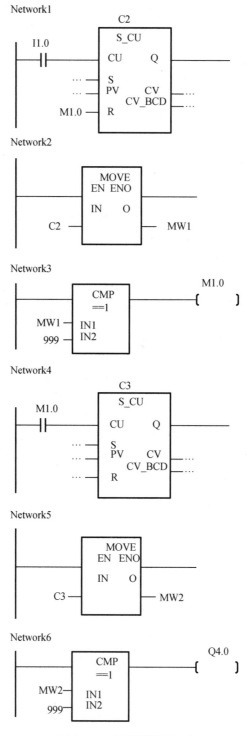

图 4 – 52　计数器扩展程序

4.2.4　算术指令

在 STEP 7 中可以对整数、长整数和实数进行加、减、乘、除算术运算。算术指令在累加器1(A1)和累加器2(A2)中进行,在累加器2中的值作为被减数或被除数。算术运算的结果保存在累加器1中,累加器1原有的值被运算结果覆盖,累加器2中的值保持不变,如图4-53所示。CPU在进行算术运算时,不必考虑RLO,对RLO也不产生影响。然而算术运算指令对状态字的某些位将产生影响,这些位是CC1、CC0、OV、OS。可以用位操作指令或条件跳转指令对状态字中的标志位进行判断操作。

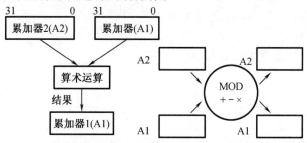

图4-53 算术指令中累加器的作用

1.整数算术运算

表4-26进行的运算:将存储字MW10、MW20中的整数相加,将结果减5送入存储字MW14;将存储双字MD10、MD16中的长整数相加,将结果减1送入存储双字MD24。因为没有直接减去一个常数的指令,所以在程序中用加一个"负"常数代替。编程时应注意长整数的正确表示法。表4-26列出了整数算术运算指令,表下为其语句表。

表4-26 整数算术运算指令

指令	说明
+I	将累加器1,2低字中的16位整数相加,16位整数结果保存在累加器1低字中
-I	将累加器2低字中的16位整数减去累加器1低字中的内容,结果保存在累加器1低字中
*I	将累加器1,2低字中的16位整数相乘,结果为32位整数并保存在累加器1中
/I	将累加器2低字中的16位整数除以累加器1低字中的内容,商为16位整数并保存在累加器1低字中,余数存放在累加器1的高字中
+D	将累加器1,2中的32位整数相加,32位整数结果保存在累加器1中
-D	将累加器2中的32位整数减去累加器1中的内容,结果保存在累加器1中
*I	将累加器1,2中的32位整数相乘,结果为32位整数并保存在累加器1中
/D	将累加器2中的32位整数除以累加器1中的内容,商为32位整数并保存在累加器1中,余数被丢掉
MOD	将累加器2中的32位整数除以累加器1中的内容,余数保存在累加器1中,商被丢掉
+	累加器1中加一个16位或32位整数常量,结果保存在累加器1中

程序语句表:

L MW10   //将MW10中的值装入累加器1
L MW20   //将MW20中的值装入累加器1,累加器1中的原值移入累加器2
 +I   //将累加器1、2中的16位整数相加
 +-5   //上次运算结果加上-5

T MW14	//将新的结果传送到 MW14
L MD10	//将 MD10 中的值装入累加器 1
L MD16	//将 MD16 中的值装入累加器 1,累加器 1 中的原值移入累加器 2
+D	//将累加器 1、2 中的 32 位整数相加
+L# −1	//上次运算结果加上 −1
T MD24	//将新的结果传送到 MD24

2. 实数算术运算

表 4 − 27 列出了实数算术运算指令。

表 4 − 27　实数算术运算指令

指令	说明
+R	将累加器 1、2 中的 32 位实数相加,32 位结果保存在累加器 1 中
−R	将累加器 2 中的 32 位实数减去累加器 1 中的实数,结果保存在累加器 1 中
*R	将累加器 1、2 中的 32 位实数相乘,32 位乘积保存在累加器 1 中
/R	将累加器 2 中的 32 位实数除以累加器 1 中的实数,32 位商保存在累加器 1 中
ABS	对累加器 1 中的 32 位实数取绝对值

下面为实数算术运算指令的语句表:

L DBD0	//将数据双字 DBD0 的内容装入累加器 1
L +12.3E +00	//将数值 +12.3E +00 装入累加器 1,累加器 1 原值被移入累加器 2
/R	//将累加器 2 的内容除以累加器 1 的内容,结果保存在累加器 1 中
T MD20	//将结果传送到 MD20 中(MD20 = DBD0/12. 3)
NEGR	//将累加器 1 中的实数取负
T MD24	//将结果传送到 MD24(MD24 = (−1) ×MD20)
ABS	//将累加器 1 中的实数求绝对值
T MD28	//将绝对值传送到 MD28(MD28 = ABS(MD20))

3. 梯形图算术运算方块指令

以上介绍的语句表运算指令都有对应的梯形图方块指令。在编程器上,使用梯形图指令浏览器可以选择需要的方块指令。下面举例说明算术运算方块指令的用法。

图 4 − 54 为整数加法方块指令应用编程举例。图中,IN1 为被加数输入端,IN2 为加数输入端,O 为结果输出端。本例中,加数和被加数以及相加结果的数据类型均为整数(1NT),它们可以存储在存储区 I、Q、M、D、L 中。如果 EN 的信号状态为 1,则进行整数加法操作。若结果在整数的表示范围之外,则状态字的 OV 位和 OS 位为 1,且使 ENO 为 0;若结果没有溢出,则状态字的 OV 位清零,OS 位保持原状态,且使 ENO 为 1;若 EN 为 0,则不进行加法运算,此时 ENO 为 0。当 ENO 为 0 时,方块之后被 ENO 连接(串级排列)的其他功能不执行。如果输入位 I0.0 为 1,则执行整数加法操作方块指令。将(MW0) +(MW2)的结果存入 MW10。若结果超出整数的允许范围或输入 I0.0 为 0,则输出位 Q4.0 置位。

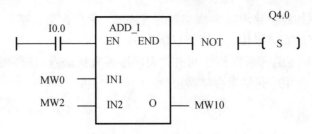

图4-54 整数加法方块指令应用编程举例

下面是与图4-54完全对应的语句表程序：

```
        A(
        A I0.0
        JNB_0001
        L MW0
        L MW2
        +I
        T MW10
        AN OV      //若OV为1则RLO为0,否则RLO为1
        SAVE       //使BR=RLO
        CLR
_0001:  A BR
        )
        NOT
        S Q4.0
```

4. 应用举例

图4-55给出了一个有加、减、乘、除运算的四则运算梯形图程序,实现的运算如下：

$$MD4 = (IW0 + DBW3) \times 15 / MD0$$

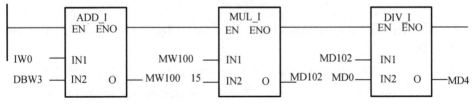

图4-55 四则运算梯形图程序

实现相同运算的语句表程序如下：

```
L IW0      //将输入字IW0的内容装入累加器1
L DBW3     //将数据字DBW3的内容装入累加器1,累加器1原内容装入累加器2
+I         //累加器2与累加器1相加,结果保存在累加器1中
L +15      //将常数15装入累加器1,累加器1原内容装入累加器2
*I         //累加器2与累加器1相乘,结果为长整数,保存在累加器1中
L MD0      //将存储双字MD0的内容装入累加器1,累加器1原内容装入累加器2
```

/I   //累加器2除累加器1,结果的整数部分保存在累加器1中

T MD4   //将运算结果传送至存储双字 MD4

完成相同运算功能的梯形图程序和语句表程序各有优缺点:梯形图程序直观易读;语句表程序简洁,而且使用中间结果存储器较少。

4.2.5 控制指令

控制指令包括逻辑控制指令和程序控制指令。逻辑控制指令可以中断程序原来的逻辑流,使程序跳转至某一标号处。标号是跳转指令的目标地址,标号最多由 4 个字符组成,第一个字符必须是字母表中的字母,其他字符可以是字母或数字,如 SEG3。程序控制指令可以调用功能块、系统功能块及主控继电器启动、关闭。

1. 跳转指令

跳转指令如图 4 – 56 所示。

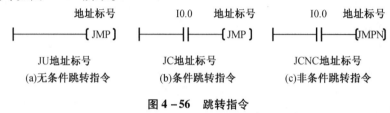

图 4 – 56 跳转指令

在条件跳转指令中,如果 I0.0 的信号状态为 1,则程序跳转至"地址标号"处执行。在非条件跳转指令中,如果 I0.0 的信号状态为 0,则执行跳转。

2. CALL 指令

可以使用 CALL 指令调用自己编写的功能块(FB、FC)或 S7 提供的系统功能块(SFB、SFC)。

可以采用从线圈调用 FC、SFC 指令来调用不带参数的 FC 或 SFC。其梯形图的格式如下:

$$\text{————} [\overset{\text{块号}}{\text{CALL}}]$$

还可以用梯形方块图形式调用功能块(FB、FC)、系统功能块(SFB、SFC)和多个背景块(参考 S7 用户手册)。

CALL 指令的语句表格式是 CALL 块号和背景数据块号。调用功能块 FB 时,必须为 FB 指定一个背景数据块 DB 或声明一个局部背景。该背景数据块存储所有静态变量和实际参数。使用 CALL 指令可以为被调用的功能块中的形式参数赋以实际参数。

下面是以背景数据块 DB41 为参数调用功能块 FB40 的语句表:

CALL FB40,DB41   //以背景数据块 DB41 为参数调用 FB40

IN1:= I1.0   //将 I1.0(实际参数)分配给 IN1(形式参数)

IN2:= MW2   //将 MW2(实际参数)分配给 IN2(形式参数)

OUT1:= MD20   //将 MD20(实际参数)分配给 OUT1(形式参数)

L MD20   //L 指令装入形式参数 OUT1

图 4 – 57 所示是在一个用户程序中的块调用过程。调用可以是有条件的,也可以是无条件的。

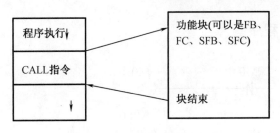

图4-57 块调用过程

3.块结束指令

块结束指令使程序返回到调用前的程序系列中。它有两条指令,即无条件块结束指令和有条件块结束指令。无条件块结束指令表示为BEU,其梯形图指令如图4-58(a)所示。该指令结束对当前块的扫描,将控制返还给调用的块。有条件块结束指令表示为BEC,其梯形图指令如图4-58(b)所示。当条件逻辑操作结果为1时,该指令终止当前块,返还调用的块;当条件逻辑操作结果为0时,则不执行该命令,程序继续在当前块内进行扫描。

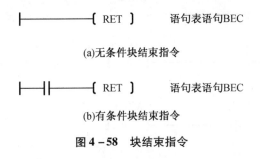

(a)无条件块结束指令

(b)有条件块结束指令

图4-58 块结束指令

4.3 程序实例

4.3.1 控制任务

本节以船舶机舱监视报警系统为例。本例中共有3个测点。故障发生时,声光报警(蜂鸣器响,指示灯闪光);应答后,蜂鸣器停响,指示灯平光;故障排除后,指示灯自动熄灭。当报警发生后,若值班人员赶到集控室之前故障自动消失(称为短时故障报警),则故障自动消失后声光报警持续,按下应答按钮后,声停,灯灭。

4.3.2 输入、输出地址分配

3个测点地址分别为I1.1、I1.2、I1.3;应答按钮地址为I1.0;试灯按钮地址为I0.0;3个报警指示灯地址分别为Q4.1、Q4.2、Q4.3;蜂鸣器地址为Q4.0。

4.3.3 梯形图程序

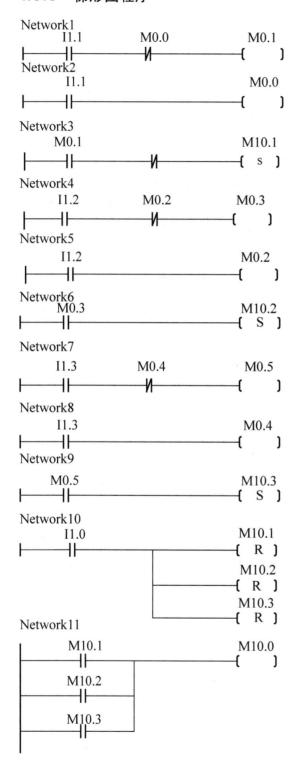

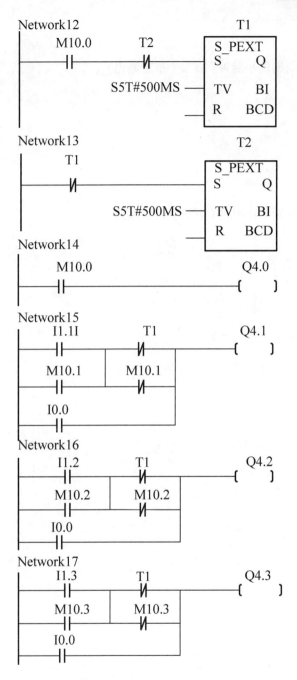

4.3.4 语句表程序

```
A   I1.1 ┐
AN  M0.0 │
  = M0.1 ├  //脉宽为一个扫描周期的小脉冲(第一个报警通道)
A   I1.1 │
  = M0.0 ┘
A   M0.1
S   M10.1
```

A I1.2
AN M0.2
= M0.3   //脉宽为一个扫描周期的小脉冲(第二个报警通道)
A I1.2
= M0.2

A M0.3
S M10.2

A I1.3
AN M0.4
= M0.5   //脉宽为一个扫描周期的小脉冲(第三个报警通道)
A I1.3
= M0.4

A M0.5
S M10.3

A I1.0   //报警应答
R M10.1
R M10.2
R M10.3

O M10.1
O M10.2   //报警综合信号
O M10.3
= M10.0

A M10.0
AN T2
L S5T#500MS
SE T1   //报警闪光源
AN T1
L S5T#500MS
SE T2

A M10.0
= Q4.0   //声报警
A(
O I1.1
O M10.1
)
A(
ON T1
ON M10.1
)
O I0.0

```
    = Q4.1        //光报警
A(
O  I1.2
O  M10.2
)
A(
ON  T1
ON  M10.2
)
O  I0.0
    = Q4.2        //光报警
A(
O  I1.3
O  M10.3
)
A(
ON  T1
ON  M10.3
)
O  I0.0
    = Q4.3        // 光报警
```

4.4 S7-300模拟量控制指令

在自动化生产现场,存在着大量的模拟量,如压力、温度、流量、转速和浓度等。这些物理量是连续变化的数值,而 PLC 作为数字控制器不能直接处理连续数据。因此,这些物理量经传感器、变送器得到的模拟信号必须转换成数字量——整形数(INTEGER)后才能被送至控制器处理,这就是模/数转换(ADC)。模/数转换的结果保存在结果存储器中,并一直保持到被一个新的转换值所覆盖。可用"L PIW…"指令来访问模数转换的结果。在 PLC 程序内部对相应的信号进行比较、运算时,常需将该信号转换成实际物理量(对应于传感器的量程)。而经程序运算后得到的结果要先转换成与实际工程量对应的整形数,再经模拟量输出模块数/模(DAC)成连续的模拟信号(如电压、电流)来驱动执行器动作,从而达到控制物理量的目的,传递指令"T PQW…"用来向模拟输出模块中写模拟量的数值(由用户程序计算所得),如图 4-59 所示。

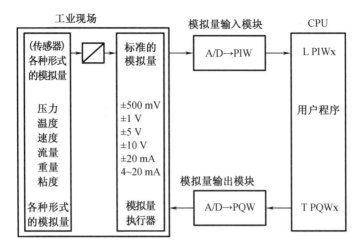

图 4 - 59 模拟量处理流程

4.4.1 模拟量输入模块

1. 设置模拟量输入通道的测量方法和量程

可以在 STEP 7 中为模拟量模块定义全部参数,然后将这些参数从 STEP 7 下载到 CPU。CPU 在 STOP→RUN 切换过程中将各参数传送至相应的模拟量模块。另外,还要根据需要设置各模块的量程卡。

可以选择两种方法设置模拟量输入通道的测量方法和量程:

①使用量程模块并在 STEP 7 中定义模拟量模块的全部参数。

②使用模拟量模块上的接线方式,并在 STEP 7 中定义模拟量模块的全部参数。

下面介绍使用量程模块设置测量方法和量程。

量程模块连接于模拟量输入模块旁。在安装模拟量输入模块之前,应先检查量程模块的测量方法和量程,并根据需要进行调整。模拟量标签上提供了各种测量方法和量程的设置。量程模块的可选设置为"A""B""C""D",见表 4 - 28。关于设置不同的测量类型及测量范围的简要说明印在量程卡上。使用 STEP 7 中的硬件组态功能可以进一步确定测量范围。

表 4 - 28　量程模块的设置

量程模块设置	测量方法	测量范围
A	电压	± 1 000 mV
B	电压	± 10 V
C	电流:4 线变送器	4 ~ 20 mA
D	电流:2 线变送器	4 ~ 20 mA

购买模拟量模块时,可以根据需要选择与模块配套的量程模块。在使用之前,应重新定位量程模块,使之适合测量方法和量程。设置量程模块的方法如图 4 - 60 所示:

图4-60 设置量程模块的方法

①用螺丝刀将量程模块从模拟量输入模块中撬出。

②将量程模块插入模拟量输入模块的要求插槽中,所选量程指向模块上的标记。

2. 模拟量模块数值表示

目前,S7-300模拟量模块数字化的模拟值均以16位数值表示。对于具有相同标称范围的输入值和输出值来说,数字化的模拟量都相同。模拟量用一个二进制补码定点数表示。模拟量的符号总是在第15位:"0"表示正数;"1"表示负数。如果一个模拟量模块的精度少于16位,则模拟量在左移调整之后才被保存在模块中,在未用的幂次低的位填入"0"。表4-29为16位和13位模拟量的位模式举例。表4-30描述了模拟值的可能精度。

表4-29 16位和13位模拟量的位模式举例

精度	模拟量															
位号	15	14	13	12	11	10	9	8	7	6	5	4	3	2	1	0
16位模拟值	0	1	0	0	0	1	1	0	0	1	1	1	0	0	1	1
13位模拟值	0	1	0	0	0	1	1	0	0	1	1	1	0	0	0	0

表4-30 模拟值的可能精度

精度[位](+符号)	单位		模拟值	
	十进制	十六进制	高位字节	低位字节
8	128	80H	符号000 0000	1xxx xxxx
9	64	40H	符号000 0000	01xx xxxx
10	32	20H	符号000 0000	001x xxxx
11	16	10H	符号000 0000	0001 xxxx
12	8	8H	符号000 0000	0000 1xxx
13	4	4H	符号000 0000	0000 01xx
14	2	2H	符号000 0000	0000 001x
15	1	1H	符号000 0000	0000 0001

表4-31列出了模拟量输入模块的模拟值。对于模拟量输出通道,其输出范围和输入范围类似,可参考相关手册。模拟输入值和输出值与CPU的运行状态及电源电压L+之间的关系见表4-32,表中列举了一些特殊情况下的输入、输出值,便于调试与排除故障。

表 4 - 31　模拟量输入模块的模拟值

范围	双极性					单极性				
	百分比/%	单位	±5 V	±10 V	±20 mA	百分比/%	单位	0～10 V	0～20 mA	4～20 mA
上溢	118.515	32 767	5.926 V	11.852 V	23.70 mA	118.515	32 767	11.852 V	23.70 mA	22.96 mA
超出范围	117.589	32 511	5.879 V	11.759 V	23.52 mA	117.589	32 511	11.759 V	23.52 mA	22.81 mA
正常范围	100.00	27 648	5 V	10 V	20 mA	100.00	27 648	10 V	20 mA	20 mA
	0	0	0 V	0 V	0 mA	0	0	0 V	0 mA	4 mA
	-100.00	-27 648	-5 V	-10 V	-20 mA					
低于范围	-117.593	-32 512	-5.879 V	-11.759 V	-23.52 mA	-17.593	-4 864		-3.52 mA	1.185 mA
下溢	-118.519	-32 768		-11.851 V	-23.70 mA					

表 4 - 32　模拟输入值和输出值与 CPU 的运行状态及电源电压 L + 之间的关系

CPU 运行状态		模拟量模块的电源电压 L +	模拟量输入模块的输入值	模拟量输出模块的输出值
POWER ON（通电）	RUN（运行）	L + 有电	被测值 7FFFFH，直到通电后或模块参数赋值完成后的第一次转换	CPU 值 直到第一次转换；通电，并输出了一个 0 mA 或 0 V 信号；参数赋值完成，并输出前一数值
		L + 没电	上溢值	0 mA/0 V
POWER ON（通电）	STOP（停止）	L + 有电	被测值 7FFFFH，直到通电后或模块参数赋值完成后的第一次转换	替代值/最后数值（缺省值：0 mA/0 V）
		L + 没电	上溢值	0 mA/0 V
POWER OFF（断电）		L + 有电		0 mA/0 V
		L + 没电		0 mA/0 V

4.4.2　模拟量模块的典型应用

1. 检测压力

对于一个压力检测系统,压力变送器的量程为 0 ~ 18 MPa,输出信号为 4 ~ 20 mA。使用 S7 - 300 的模拟量输入模块,输入模块的量程设置为 4 ~ 20 mA,转换后的模拟值为 0 ~ 27 648,那么在 0 ~ 27 648 内的任意一个模拟值代表(以 kPa 为单位)的压力值是多少?

在实际工程中,常常遇到这样的比例计算,可以先使用数学表达式把比例关系罗列出来,然后使用 PLC 的程序实现这些运算即可。

从数学角度找规律:

$$压力变送器每 1 \text{ mA } 对应的压力值 = (15 \times 10^3) \div 20 \text{ kPa} \qquad (4-1)$$

$$输入模块每 1 \text{ mA } 对应的模拟值 = 27\ 648 \div 20 \qquad (4-2)$$

基于线性比例关系,依据式(4-1)和式(4-2)可以得到

$$输入模块每 1 个模拟值的压力 = (15 \times 10^3) \div 27\ 648 \text{ kPa} \qquad (4-3)$$

依据式(4-3)可得到 0~27 648 内的任意一个模拟值 X 对应的压力 Y 的关系式为

$$Y = (15 \times 10^3) \div 27\ 648 \times X \qquad (4-4)$$

在 PLC 里编写该程序如图 4-61 所示。

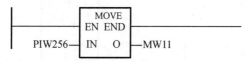

Network1:读取输入模拟量值

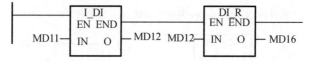

Network2:为了保证运算的精度,先把读取输入模拟量值变为实数

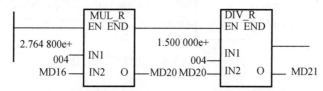

Network3:实现 $Y=(15-0)\times1\ 000\div(27\ 648-0)\times X$ 运算

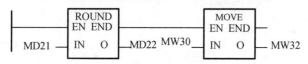

Network4:最后把运算结果转换为整数,MW32即为所需的 Y 值

图 4-61　压力检测系统控制程序

2. 控制变频器的输出频率

在工业现场,变频器应用很广泛,可以在 PLC 里控制变频器。这里举例说明如何使用 PLC 的模拟量输出模块控制变频器的输出频率。

变频器设置由外面模拟量输入控制输出频率,并选择模拟量输入范围为 0~10 V,对应的输出频率为 5~80 Hz。模拟量输出模块设置电压输出范围为 0~10 V。那么在 PLC 里任意给定一个 5~80 Hz 的频率值,模拟量模块输出模拟值是多少?

在实际工程中,常常遇到这样的比例计算,可以先使用数学表达式把比例关系罗列出来,然后使用 PLC 的程序实现这些运算即可。

从数学角度找规律:

$$变频器每 1 \text{ mV } 对应的频率值 = 80 \div (10 \times 10^3) \text{ Hz} \qquad (4-5)$$

$$输入模块每 1 \text{ mV } 对应的模拟值 = 27\ 648 \div (10 \times 10^3) \qquad (4-6)$$

由于线性比例关系,依据式(4-5)和(4-6)可以得到

$$输出模块每 1 \text{ Hz } 值的模拟值 = 27\ 648 \div 80 \qquad (4-7)$$

依据式(4-7)可以得到 5~80 Hz 内的任意一个频率值 X 对应的模拟值 Y 为

$$Y = 27\ 648 \div 80 \times X \qquad\qquad (4-8)$$

在 PLC 里编写该程序如图 4-62 所示。

Network1:MW10是设定的频率值X,先把设定频率值变为双整数

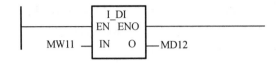

Network2:实现(80-5)×X的运算

Network3:实现Y=(28 648-0)÷(80-5)×X的运算,求出模拟值Y(PQW256)

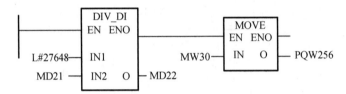

图 4-62　变频器输出频率控制程序

第 5 章　用户程序结构

5.1　概　　述

5.1.1　编程方法

当 PLC 要完成的控制任务比较复杂时,用户的编程工作量及控制程序就较大,如何把程序的各部分清晰地组织起来,即选择适合控制任务要求的程序结构就显得非常关键。STEP 7 有三种编程方法可供选用,它们是线性编程、分部式编程和结构化编程。

1.线性编程

线性编程将整个用户程序写在一个指令连续的块中,处理器线性地或顺序地扫描程序的每条指令。这种结构是 PLC 最初所模拟的硬连线继电器梯形逻辑图模式。线性编程方法适合于比较简单的控制任务。

2.分部式编程

分部式编程将用户程序分成相对独立的指令块,每个块包含给定的部件组或作业组的控制逻辑,各分块的执行顺序由组织块中的指令决定。

3.结构化编程

结构化编程要求用户程序提供一些通用的指令块,以便控制一类相似或相同的部件(如控制泵或马达的指令块),给通用指令块提供的参数进一步说明各部件的控制差异。这种结构化的程序能反复调用这些通用指令块。结构化编程方法比前面两种编程方法先进,适合于复杂的控制任务,并支持多人协同编写大型用户程序。结构化编程的其他优点是:程序结构层次清晰,部分程序通用化、标准化,易于修改、简化程序的调试。

5.1.2　STEP 7 程序块种类

为支持结构化程序设计,STEP 7 将用户程序分类、归并为不同的块,根据程序要求,可选用组织块(OB)、功能块(FB、FC)等类型的逻辑块,而数据块(DB 或 DL)则用来存储执行用户程序时所需的数据。

组织块(OB)是操作系统与用户应用程序的接口,由操作系统调用,并控制循环和中断程序执行,对错误的响应作处理,以及控制程序的运行。OB 有多种类型,不同的 OB 执行特定的功能。OB1 是主程序循环块,在任何情况下,它都是必要的。其他的组织块(如时间中断 OB、循环中断 OB、故障中断 OB 等)根据确定事件的产生由操作系统调用。这些类型的 OB 有不同的优先级。高优先级的 OB 可以中断低优先级的 OB,用户可以将所有的用户程序放入 OB1 中进行线性编程,或将程序用不同的逻辑块加以结构化,通过 OB1 调用这些逻辑块。

功能块(FB、FC)实际上是用户自己编写的子程序,分为带存储功能的功能块 FB 和不带存储功能的功能块 FC。前者有一个数据结构与该功能块的参数表完全相同的数据块 DB 作为其存储器(称为背景数据块),并随功能块的调用而打开,随功能块的结束而关闭。存放在背景数据块中的数据在 FB 结束时继续保持。用户把经常使用的功能、复杂的功能以子程序的形式编程成 FB 功能块,由其他功能块调用。FC 没有背景数据块。当 FC 完成操作后,数据不能保持。FC 是用户程序的一部分,由其他功能块调用。

数据块 DB 是用户定义的用于存取数据的存储区,也可以被打开或关闭。有两种类型的 DB 块,一种是属于某个 FB 的背景数据块,另一种是通用的共享数据块,用于 FB 或 FC。

S7 CPU 还提供标准系统功能块(SFB、SFC)。它们属于操作系统的一部分,是预先编好的。用户可以直接调用它们高效地编制自己的程序。由于它们是操作系统的一部分,因此不需将其作为用户程序下载到 PLC。与 FB 相似,SFB 需要一个背景数据块,并需将此 DB 作为程序的一部分安装到 CPU 中。不同的 CPU 提供不同的 SFB、SFC 功能。系统数据块(SDB)是为存放 PLC 参数所建立的系统数据存储区。用 STEP7 的 S7 组态软件可以将 PLC 组态数据和其他操作参数存放于 SDB 中。图 5 - 1 所示为 S7 程序结构。

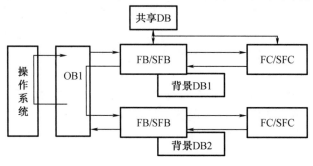

图 5 - 1 S7 程序结构

本章将对结构化编程中各种块如何组织使用进行介绍。

5.2 结构化编程

5.2.1 主程序循环块

主程序循环块(OB1)是最重要的组织块。OB100 结束后,操作系统调用 OB1,当 OB1 运行结束后,操作系统再次调用 OB1,如此不断循环。这一过程也称为扫描循环。调用 OB1 的时间间隔称为扫描周期。扫描周期的长短主要由 OB1 中的程序执行所需时间决定。当 OB1 运行结束时,操作系统将过程映像输出寄存器写到外设模块,并发出全局数据(给网络中的其他 PLC);在再启动 OB1 之前,操作系统将外设模块刷新过程映像输入寄存器,并接收来自其他 PLC 的各种全局数据。

为防止程序陷入无效死循环,S7 设有看门狗定时器。看门狗定时器的默认值是 150 ms,该值确定主程序循环的最长时间。正常情况下,扫描周期小于该时间。如果扫描周期大于设定主程序最大允许循环运行时间,则操作系统调用 OB 80(循环时间超时),若 OB 80 中未编写程序,则 CPU 将转入停止(STOP)状态。

5.2.2 功能块编程及调用

一个程序由许多部分(子程序)组成,STEP 7 将这些部分称为逻辑块,并允许块间的相互调用。块的调用指令中止当前块(调用块)的运行,然后执行被调用块的所有指令,一旦被调用块的用户程序执行完毕,就立即返回原调用块继续执行调用指令后的指令。图 5 - 2 显示了块的调用过程。调用块可以是任何逻辑块,被调用块只能是功能块(除 OB 外的逻辑块)。

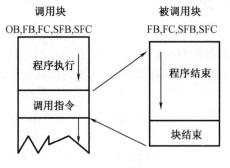

图5-2 块的调用过程

功能块由两个主要部分组成:一部分是每个功能块的变量声明表,变量声明表声明此块的局部数据;另一部分是逻辑指令组成的程序,程序要用到变量声明表中给出的局部数据。当调用功能块时,需提供块执行时要用到的数据或变量,也就是将外部数据传递给功能块,这被称为参数传递。参数传递的方式使得功能块具有通用性,它可被其他的块调用,以完成多个类似的控制任务。

5.2.3 变量声明表

每个逻辑块前部都有一个变量(局部数据)声明表,在变量声明表中定义逻辑块用到的局部数据。局部数据分为参数和局部变量两大类。局部变量又包括静态变量和临时变量(暂态变量)两种。参数是在调用块和被调用块间传递的数据。静态变量和临时变量是仅供逻辑块本身使用的数据。表5-1列出了局部数据声明类型,表中内容的排列顺序也是在变量声明表中声明变量的顺序以及变量在内存中的存储顺序。对于在逻辑块中不需使用的局部数据类型,可以不在变量声明表中声明。

表5-1 局部数据声明类型

变量名	类型	说明
输入参数	In	由调用逻辑块的块提供数据,给逻辑块输入指令
输出参数	Out	向调用逻辑块的块返回参数,即从逻辑块输出结果数据
I/O 参数	In – Out	参数的值由逻辑块的块提供,由逻辑块处理修改,然后返回
静态变量	Stat	静态变量存储在背景数据块中,块调用结束后,其内容被保留
临时变量	Temp	临时变量存储在 L 堆栈中,块执行结束后,变量的值因被其他内容覆盖而丢失

对于功能块 FB,操作系统为参数及静态变量分配的存储空间是背景数据块。这样,参数变量在背景数据块中留有运行结果备份。在调用 FB 时,若没有提供实参,则功能块使用背景数据块中的数值。操作系统在 L 堆栈中给 FB 的临时变量分配存储空间。

对于功能块 FC,操作系统在 L 堆栈中给 FC 的临时变量分配存储空间。由于没有背景数据块,因而 FC 不能使用静态变量。输入、输出、I/O 参数以指向实参的指针形式存储在操作系统为参数传递而保留的额外空间中。

对于组织块 OB 来说,其调用是由操作系统管理的,用户不能参与。因此,OB 只有定义在 L 堆栈中的临时变量。

1. 形式参数

为保证功能块对一类设备控制的通用性,用户在编程时不能使用具体设备对应的存储区地址参数(如不能使用 I1.0 等),而是使用这类设备的抽象地址参数。这些抽象参数称为形式参数,简称形参。在调用功能块对具体设备控制时,将该设备的相应实际存储区地址参数(简称实参)传递给功能块,功能块在运行时以实参替代形参,从而实现对具体设备的控制。当对另一设备控制时,同样调用功能块并将实参传递给功能块。形参需在功能块的变量声明表中被定义;实参在调用功能块时给出。在功能块的不同调用中,可为形参提供不同的实参,但实参的数据类型必须与形参一致。用户程序可定义功能块的输入值参数或输出值参数,也可定义一参数作为输入/输出值。参数传递可将调用块的信息传递给被调用块,也能把被调用块的运行结果返回给调用块。

2. 静态变量

静态变量在 PLC 运行期间始终被存储。S7 将静态变量定义在背景数据块中,当被调用块运行时,能读出或修改静态变量;被调用块运行结束后,静态变量保留在数据块中。由于只有功能块 FB 有关联的背景数据块,所以只能为 FB 定义静态变量。FC 不能有静态变量。

3. 临时变量

临时变量仅在逻辑块运行时有效,逻辑块运行结束时,存储临时变量的内存被操作系统另行分配。S7 将临时变量定义在 L 堆栈中,L 堆栈是为存储逻辑块的临时变量而专设的。当块程序运行时,在 L 堆栈中建立该块的临时变量;一旦块执行结束,堆栈便重新分配,因而信息丢失。

由于用户不能调用组织块,不需为组织块传递参数,所以组织块也就没有参数类型;又因为组织块没有背景数据块,所以不能对 OB 声明静态变量。FC 也没有背景数据块,同样地,也不能对 FC 声明静态变量。在三种逻辑块中,对 FB 块的限制是最少的。

4. 功能块编程与调用举例

对功能块编程分两步进行:第一步是定义局部变量(填写局部变量表);第二步是编写要执行的程序,可以用梯形图或语句表两种形式编程,并在编程过程中使用定义了的局部变量(数据)。

(1)定义局部变量的工作内容

①分别定义形参、静态变量和临时变量(FC 块中不包括静态变量)。

②确定各变量的声明类型(Decl.)、变量名(Name)和数据类型(Data Type),还要为变量设置初始值(Initial Value)(对有些变量初始值不一定有意义)。如果需要,还可为变量注释(Comment)。

③编写功能块程序时,可用两种方式使用局部变量:

a. 用变量名。此时变量名前加前缀"#",以区别于在符号表中定义的符号地址。

b. 接使用局部变量的地址,这种方式只对背景数据块和 L 堆栈有效。

④在调用 FB 时,要说明其背景数据块。背景数据块应在调用前生成,其顺序格式与变量声明表必须保持一致。

(2)程序实例

①二分频器

本例利用 FC10 对不同的输入位进行二分频处理而生成一个二分频器。表 5-2 为 FC10

的变量声明表。在程序中使用了正跳变沿检测指令 FP;指令 BEC 是条件结束块指令,当 RLO
为1时,程序结束,当 RLO 为0时,继续执行下面的程序;指令 BEU 是无条件结束块指令。

表5-2 FC10 的变量声明表

Address	Decl.	Symbol	Data Type	Initial Value	Comment
0.0	In	INP	BOOL	FALSE	脉冲输入信号
1.0	Out	OUTP	BOOL	FALSE	脉冲输出信号
2.0	In-Out	ETF	BOOL	FALSE	跳变沿标志

FC10 的语句表程序为:

A　　　#INP　　//对脉冲输入信号产生 RLO

FP　　　#ETF　　//对前面的 RLO 进行跳变沿检测,若有正跳沿则 RLO=1,否则 RLO=0

NOT　　　　　　//取反 RLO

BEC　　　　　　//若 RLO=1(没有正跳沿),则结束块;若 RLO=0(有正跳沿),则继续
　　　　　　　　　　执行下一条指令

AN#OUTP

=　　　#OUTP　//输出信号反转

BEU　　　　　　//无条件结束块

在 FC10 中定义了三个形参,程序中以引用变量名方式使用了形参变量,也可以在符号
编辑器中对 FC10 在符号表中定义一个符号名(如"BINARY"),并选用以下两种方式之一
调用功能。FC10 调用时为形参分别赋予实参 I0.0、Q4.0、M10.0,以对输入位 I0.0 二分频
产生输出脉冲 Q4.0。

调用方式 1　　　　　　调用方式 2

CALL　FC10　　　　　CALL　BINARY

INP:=I0.0　　　　　　INP:=I0.0

OUTP:=Q4.0　　　　　OUTP:=Q4.0

ETF:=M10.0　　　　　ETF:=M10.0

②时钟脉冲发生器

实现时钟脉冲发生器的方法很多。当需要产生一周期性重复出现的信号时,就要用到
时钟脉冲发生器。时钟脉冲发生器可用于指示灯闪烁控制信号系统。以下编写一个 FC20
作为时钟脉冲发生器,程序中要用到定时器,可以产生频率从 2.0 Hz、1.0 Hz、0.5 Hz 到
0.015 626 Hz(按等比级数规律)的 8 种脉冲信号。脉冲信号的占空比均为 1:1。表5-3 为
FC20 的变量声明表。

表5-3 FC20 的变量声明表

Address	Decl.	Symbol	Data Type	Initial Value	Comment
0.0	In	TIME_No	TIMER	-	定时器形参
2.0	In-Out	PULSE_BYTE	BYTE	0	脉冲信号组

FC20 的语句表程序为：

AN　#TIME_No　　　//定时器停止后，装入定时值 250 ms，并以扩展脉冲定时器方式
　　　　　　　　　　　　启动

L　　S5T#250MS

SE　#TIME_No

NOT　　　　　　　　　//负逻辑操作

BEC　　　　　　　　　//若定时时间未到，则结束块

L　　#PULSE_BYTE　　//若定时时间到，则对脉冲信号组字节加 1，并保存

INC　1

T　　#PULSE_BYTE

BEU

当 OB1 中 FC20 被调用并运行时，定时器按图 5-3 给出的时序工作。由于定时时间到后，定时器又立即自行重新启动，所以 AN 语句只在瞬间检测到定时器的信号状态为 1。经负逻辑操作后，则变为每 250 ms BEC 指令前的 RLO 为 0 一次，这样就执行后面的语句。INC 指令把累加器 1 的低字的低字节内容加上指令语句指明 1 字节常数（0～255）。因此，BEC 后几条语句是使字节变量 PULSE_BYTE 的内容每隔 250 ms 作加 1 处理。在字节变量 PULSE_BYTE 中内容变化规律如下：

$$0 \rightarrow 1 \rightarrow 2 \rightarrow 3 \rightarrow \cdots \rightarrow 254 \rightarrow 255 \rightarrow 0 \rightarrow 1 \cdots$$

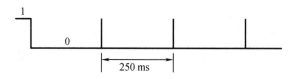

图 5-3　时钟脉冲发生器中定时器状态时序

PULSE_BYTE 各位信号状态的变化过程见表 5-4。图 5-4 为 0 位的变化时序。

表 5-4　PULSE_BYTE 各位信号状态的变化过程

第 N 次定时时间到	PULSE_BYTE 各位的信号状态								定时时间 /ms
	7	6	5	4	3	2	1	0	
0	0	0	0	0	0	0	0	0	250
1	0	0	0	0	0	0	0	1	250
2	0	0	0	0	0	0	1	0	250
3	0	0	0	0	0	0	1	1	250
4	0	0	0	0	0	1	0	0	250
5	0	0	0	0	0	1	0	1	250
6	0	0	0	0	0	1	1	0	250
7	0	0	0	0	0	1	1	1	250

表 5 – 4(续)

第 N 次定时时间到	PULSE_BYTE 各位的信号状态								定时时间 /ms
	7	6	5	4	3	2	1	0	
8	0	0	0	0	1	0	0	0	250
9	0	0	0	0	1	0	0	1	250
10	0	0	0	0	1	0	1	0	250
11	0	0	0	0	1	0	1	1	250
12	0	0	0	0	1	1	0	0	250

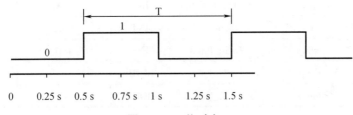

图 5 – 4　0 位时序

在 FC20 中使用了定时器类型的形参。下面是调用时钟脉冲发生器 FC20 的一个例子。本例中使用了定时器 T1,使存储字节 MB100 的各位产生时钟脉冲。

调用时钟脉冲发生器功能 FC20 的方式:

CALL 　　　FC20

TIME_No: = T1

PULSE_BYTE: = MW100

③限值监测程序

带滞后的限值监测是控制程序中的一种常用功能,把它编写成功能块后,可以使应用程序在多处使用。带滞后的限值监测程序可以防止由于被监测量上叠加的噪声而产生的报警信号颤动。

当测量值大于上限值或小于下限值时,分别置位上限或下限报警标志。复位上限报警标志的条件是,测量值小于上限值扣除死区后的数值。复位下限报警标志的条件是,测量值大于下限值加上除死区后的数值。其原理如图 5 – 5 所示。

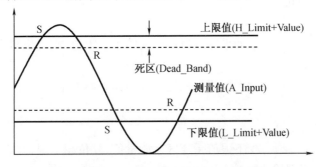

图 5 – 5　带滞后的限值监测原理

考虑到对于不同的测量信号需要设置不同的限值,并为了方便限值参数的整定,将带滞后的限值监测程序编写成一个 FB（如 FB50），FB50 的变量声明表见表 5 - 5。上下限值和死区定义为静态变量，这样就可以通过修改相应背景数据块中数据的当前值，实现限值参数的整定。

表 5 - 5　FB50 的变量声明表

Address	Declaration	Name	Type	Initial value	Comment
0.0	in	A_Input	INT	0	测量值
2.0	out	Alarm_output	BOOL	FALSE	报警输出
	in_out				
4.0	stat	H_Limit_Value	INT	2000	上限值
6.0	stat	L_Limit_Value	INT	1000	下限值
8.0	stat	Dead_Band	INT	100	死区
0.0	temp	H_F	BOOL		超上限标志
0.1	temp	L_F	BOOL		超下限标志

FB50 的语句表程序为：

Network1：上限监测

```
L    #A_Input
L    #H_Limit_Value
> = I
S    #H_F          //如果测量值大于或等于上限值，则置位超上限标志
L    #Dead_Band
- I                //上限值 - 死区后放在累加器 1 中
L    #A_Input
> I
R    #H_F          //上限值 - 死区 > 测量值，复位超上限标志
```

Network 2：下限监测

```
L    #A_Input
L    #L_Limit_Value
< = I
S    #L_F          //如果测量值小于或等于下限值，则置位超下限标志
L    #Dead_Band
+ I                //下限值 + 死区后放在累加器 1 中
L    #A_Input
< I
R    #L_F          //下限值 + 死区 < 测量值，复位超下限标志
```

Network 3：产生报警输出

```
O    #H_F
O    #L_F
```

```
=    #A1arm_Output
```

以上语句表程序中使用的是变量名,也可以直接使用变量地址(在增量编程模式下,变量地址会被自动转换成变量名)。下面是使用变量地址编程的例子:

使用变量名:　　　　　　　使用变量地址:

```
L   #A_Input            L   DIW 0
L   #H_Limit_Value      L   DIW 2
S   #H_F                S   L 0.0
=   #A1arm_Output       =   DIX1.0
```

如果要对以存储在 MW10 中的测量值进行限值监测,并在超限时使输出位 Q4.0 的信号状态为1,则可使用 FB50 并按如下格式编程(假设对应背景数据块为 DB10):

```
CALL      FB 50,DB10
A_Input: = MW10
A1arm_Output: = Q4.0
```

如果要对上、下限值进行整定,则可以改变数据块 DB10 中当前值栏目的相应数据,修改后必须将 DB10 下载至 CPU,新值才能生效。图 5 - 6 是改变数据块 DB10 的上限值的例子。

DB10 -- Test1\SIMATIC 300 Station\CPU314(1)						
Address	Declaration	Name	Type	Initial value	Actual value	Comment
0.0	in	A_Input	INT	0	0	测量值
2.0	out	Alarm_Output	BOOL	FALSE	FALSE	报警输出
4.0	stat	H_Limit_Value	INT	2000	4000	上限值
6.0	stat	L_Limit_Value	INT	1000	1000	下限值
8.0	stat	Dead_Band	INT	100	100	死区

图 5 - 6　改变数据块 DB10 的上限值

第6章　PLC 控制系统的设计和维护

6.1　PLC 控制系统的设计调试步骤和设计举例

从前面几章的学习我们知道,对于传统的继电器 – 接触器控制系统或使用小规模集成电路实现的控制系统,其功能全部靠硬件来实现。而 PLC 控制系统作为计算机工业控制系统的一个类别,其功能则是由硬件(外部电路和 PLC 模块)和软件(PLC 用户程序)共同实现的。因此,一个典型的 PLC 控制系统设计包括硬件设计和软件设计。PLC 控制系统的设计与调试的一般步骤如图6 – 1 所示。

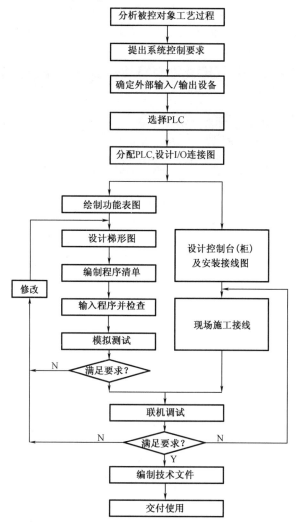

图6 – 1　PLC 控制系统的设计与调试的一般步骤

6.1.1　PLC 控制系统的硬件设计

硬件设计是 PLC 控制系统至关重要一个环节,这关系着 PLC 控制系统运行的可靠性、安全性、稳定性。

1. 分析被控对象并提出控制要求

详细分析被控对象的工艺过程及工作特点,了解被控对象机、电、液之间的配合,提出被控对象对 PLC 控制系统的控制要求,确定控制方案,拟定设计任务书。

2. 确定输入/输出设备

根据系统的控制要求,确定系统所需的全部输入设备(如按钮、位置开关、转换开关及各种传感器等)和输出设备(如接触器、电磁阀、信号指示灯及其他执行器等),从而确定与 PLC 有关的输入/输出设备,以确定 PLC 的 I/O 点数。

3. 选择 PLC

选择 PLC 包括对 PLC 的机型、容量、I/O 模块、电源等的选择。

4. 分配 I/O 点并设计 PLC 外围硬件线路

(1)分配 I/O 点

画出 PLC 的 I/O 点与输入/输出设备的连接图或对应关系表,该部分也可在第 2 步中进行。

(2)设计 PLC 外围硬件线路

画出系统其他部分的电气线路图,包括主电路和未进入 PLC 的控制电路等。

由 PLC 的 I/O 连接图和 PLC 外围电气线路图组成系统的电气原理图。到此为止,系统的硬件电气线路已经确定。

6.1.2　PLC 控制系统的软件设计

进行硬件设计的同时可以着手软件设计工作。软件设计的主要任务是按照控制要求将工艺流程图转换为梯形图,这是 PLC 应用中最关键的问题。程序编写是软件设计的具体表现。在控制工程应用中,良好的软件设计思想是关键,优秀的软件设计便于工程技术人员理解、掌握,以及进行系统调试与日常系统维护。

1. PLC 控制系统软件设计思想

生产过程控制要求复杂程度不同,可将程序按结构形式分为基本程序和模块化程序。

基本程序既可以作为独立程序控制简单生产工艺过程,也可以作为组合模块结构中的单元程序。依据计算机程序设计思想,基本程序的结构分为三种:顺序结构、条件分支结构和循环结构。

模块化程序是指把一个总控制目标程序分成多个具有明确子任务的程序模块,分别编写和调试,最后组合成一个完成总任务的完整程序。这种方法叫作模块化程序设计。在该程序中,各模块具有相对独立性,相互连接关系简单,程序易于调试修改,特别适用于复杂控制要求生产过程。

2. PLC 控制系统软件设计要点

PLC 控制系统依据生产流水线从前至后分配 I/O,I/O 点数由小到大;尽可能把一个系统、设备或部件 I/O 信号集中编址,以利于维护。定时器、计数器要统一编号,不可重复使用同一编号,以确保 PLC 工作运行可靠性。程序中大量使用内部继电器中间标志位(I/O 位),对其也要统一编号,进行分配。分配完成后,应列出 I/O 分配表和内部继电器中间标志位分配表。彼此相关的输出器件(如电机正/反转等)的输出地址应连续,如 Q2.0/Q2. 1 等。

3. PLC 控制系统软件设计技巧

PLC 程序的设计原则是逻辑关系简单明了,易于编程输入,少占内存,减少扫描时间。下面介绍几点技巧。

同一个继电器线圈在同一个程序中被使用两次称为双线圈输出。双线圈输出容易引起误动作,程序中要尽量避免线圈重复使用。若必须是双线圈输出,则可以采用置位和复位操作(以 S7 - 300 为例,如 SQ4.0 和 RQ4.0)。

要使 PLC 多个输出为固定值 1(常闭),可以采用字传送指令完成。例如,要使 Q2.0、Q2.3、Q2.5、Q2.7 同时都为 1,可以使用一条指令将十六进制数据 0A9H 直接传送至 QW2 即可。

对于非重要设备,可以在硬件上多个触点串联后再接入 PLC 输入端,通过 PLC 编程来减少 I/O 点数,节约资源。例如,我们要使用一个按钮来控制设备启动/停止,就可以采用二分频来实现。

模块化编程思想应用:我们可以把正反自锁互锁转程序封装成为一个模块,把正反转点动封装成为一个模块,在 PLC 程序中,我们可以重复调用该模块,减少编程量,减少内存占用量,有利于大型 PLC 程序编制。

6.1.3 PLC 控制系统的调试

STEP 7 提供可视化的在线调试功能。在 STEP 7 中完成的硬件组态和用户程序必须被下载到 PLC 中,经过软、硬件的联调成功后,才能最终完成控制任务。我们依据手段的不同,分别介绍一下常用的软、硬件调试方法。

1. 利用变量表调试

编程器和实际 PLC(或 PLCSIM)建立在线联系后,可以将硬件组态和程序下载到 PLC (或 PLCSIM)中。用户可以通过 STEP 7 执行在线调试程序,寻找并发现程序设计中的问题。如果程序较大,那么用户在屏幕上就不能同时观察调试过程中变量的变化过程。为了解决这个问题,可以建立变量表。使用变量表可以在一个界面上同时显示用户关心的全部变量。变量表是监视和修改变量值的一个重要工具。

利用变量表可以实现以下功能:

①监视变量:可以在编程设备/PC 上显示用户程序或 CPU 中每个变量的当前值。

②修改变量:可使用该功能将固定值分配给用户程序或 CPU 的每个变量。在使用程序状态测试功能时也可以立即修改一次数值。

③启用外围输出和激活修改值:这两个功能允许用户将固定值分配给处于 STOP 模式的 CPU 的每个 I/O。

④强制变量:可使用该功能为用户程序或 CPU 的每个变量分配一个用户程序无法覆盖的固定值。

用户可以赋值或显示的变量包括输入、输出、位存储器、定时器、计数器、数据块的内容和 I/O(外设)。用户可通过定义触发点和触发频率来确定何时及每隔多久对变量进行监视或为其分配新的数值。

（1）创建变量表

使用变量表调试程序之前，必须先建立一个变量表（VAT）并输入需要监视的变量。建立变量表可以选择如下三种方法：

①在 SIMATIC 管理器中，选择"Blocks"文件夹，然后选择菜单命令"Insert > S7 Block > Variable Table"，或在右侧窗口空白处右键点击菜单"Insert New Object > Variable Table"，在弹出的对话框中，可以为新建的变量表命名。双击该对象，可打开变量表。

②在程序编辑窗口中，执行菜单命令"PLC > Monitor/Modify Variables"，直接建立一个无名的变量表，输入需要监视或修改的变量后，单击保存按钮，可以在打开的保存对话框中为这个变量表命名，并选择保存在项目路径的"Blocks"下。保存好新建的变量表后，其图标将显示在 SIMATIC 管理器中，如图6-2所示。

图 6-2 变量表图标

③在打开的 Variable Table 编辑器中，执行菜单命令"Table > New"建立一个新的变量表，该表没有被赋给任何程序，所以需要按照上述第二种方法进行保存。

一旦创建了一个变量表，用户便可以保存该变量表，打印输出，并反复用于监视和修改，但变量表只存储在编程器/PC 中，并不被下载到 PLC 中。

（2）输入变量

先选择要修改或监视其值的变量，然后在变量表中输入这些变量。输入顺序应本着从"外部"开始、"朝内"进行的原则。这表示用户应该先选择输入，然后选择受输入影响同时影响输出的中间变量，最后选择输出。

例如，如果用户希望监视输入位 1.0、位存储区字节 5 以及输出字节 0，那么在变量表"Address"（地址）栏中应按如下进行输入：

I   1.0

MB 5

QB 0

输入变量时需要注意以下几点：

①只能输入已在符号表中定义过的符号。

②将各个逻辑块中相关联的变量集中输入。

③如果符号表中含有特殊字符，则必须用引号括起来（例如，"Motor. Off""Motor + Off""Motor – Off"）。

当向变量表中输入变量时，在每行的最后都会执行语法检查，任何不正确的输入都会被标为红色。

若建立注释行，则在输入时以"//"开始，此行将变为绿色。

用户如果想使一行或多行无效，则可以先选中一行或多行变量，然后使用菜单命令"Edit > Row without Effective"或工具栏的按钮 ⊠ 。这种方法也可以建立一个注释行。

（3）建立与 CPU 的连接

为了能监视或修改在当前变量表（VAT）中输入的变量，必须建立适当的与 CPU 的连接。可以将每个变量表与不同的 CPU 进行连接。

如果存在在线连接,那么变量表窗口的标题栏中会显示"ONLINE"(在线)。根据 CPU 的操作状态,状态栏中将显示"RUN""STOP""DISCONNECTED"或"CONNECTED"。

如果不存在与所要求的 CPU 的在线连接,则可使用菜单命令"PLC > Connect To > ..." 来定义一个到所要求的 CPU 的连接,从而可以监视或修改变量。

使用菜单命令"PLC > Disconnect"可以中断变量表和 CPU 的连接。

(4)设置触发

在程序的调试过程中,有时需要监视变量在某一特定点(触发点)的当前值,以便更明确程序的执行过程。使用菜单命令"Variable > Trigger"或点击工具栏中的 按钮,打开如图 6-3 所示变量表的触发设置对话框,进行触发点和触发条件的设置。

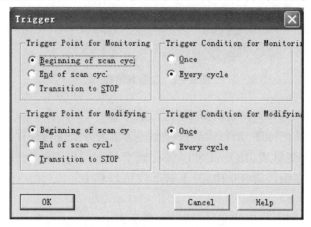

图6-3　变量表的触发设置对话框

触发点是监视变量将要显示数值的时间点,有三种方式可选:在循环扫描开始时触发、在循环扫描结束时触发和在 CPU 的工作状态从 RUN 转为 STOP 时触发。触发条件可以选择只触发一次或每个循环周期都触发。一般情况下,用户使用默认设置即可。

(5)监视变量

完成上述工作后,就可以开始使用变量监视功能了。首先将 CPU 的模式开关拨到 RUN-P 位置,通过菜单命令"Variable > Monitor"激活监视功能。在变量表中根据所设置的触发点和触发频率显示选中变量的值。如果将触发频率设置为"Every cycle",那么可以通过再次点击菜单命令"Variable > Monitor"取消监视功能。

使用菜单命令"Variable > Update Monitor Values"可以对所选变量的数值做一次立即刷新。如果在监视功能激活的状态下按 ESC 键,则不经询问就退出该功能。

使用变量监视功能可以实现输入模块的点诊断,比如监视传感器信号或报警信号是否到来。

(6)修改变量

修改变量主要针对与程序有关的 M 区和 DB 区变量。这是因为在 RUN(或 RUN-P) 模式下,如果数字量输出受到程序的控制而输出为 0(或 1),则用户是不能随意改变程序执行结果的,那么就不能在变量表中将其修改为 1(或 0)。在 RUN(或 RUN-P)模式下也不能改变数字量的输入(I 映像区),因为它们的状态取决于外部电路的输入。

在 STOP 模式下,因为没有执行程序,各变量的状态是独立的,所以修改变量不受限制。

I、Q 和 M 区的数字量变量都可以任意被设置为 1 状态或 0 状态,并且可以保持,相当于对它们置位或复位。这个特殊功能常用来测试数字量输出点的硬件功能是否正常。

修改变量的方法如下:首先启动监视变量功能,随时观察变量值;然后在变量表中的修改值(Modify Value)栏中输入新的变量值,执行菜单命令"Variable > Modify",将修改值立即送入 CPU,从而改变程序的执行。用户可以使用菜单命令"Variable > Active Modify Values"对所选变量的修改数据做一次立即刷新。

当"修改"功能正在进行时,按下 ESC 键,将不作任何询问便中止功能。

(7)强制变量

执行强制变量命令可以给用户程序的单个变量分配固定值,这样,即使是 CPU 中正在执行用户的程序,也不能对其加以修改或覆盖。强制的优点在于可以在不用改变程序代码也不用改变硬件连线的情况下,强行改变输入和输出的状态。所以,用户可以为程序设置特定的值并用该方法对已编程的功能进行测试。实现这一功能的前提是 CPU 支持该功能(如 S7 - 400CPU)。

选中将要强制的变量,执行菜单命令"Variable > Display Force values"后,强制数值窗口处于激活状态;然后在强制变量窗口的"Force Value"列中输入强制的数值,执行菜单命令"Variable > Force"进行变量的强制。此时激活的强制变量(以红色的 F 标记)和它们的强制值就都显示在窗口中了。

根据实际需求恰当利用强制变量功能可以检测与输出点连接的执行机构动作是否正常。当然,在修改前必须确认这样的操作不会引起危险。

2. 利用"诊断缓冲区"调试

故障诊断是指 PLC 内部集成的错误识别和记录功能。S7 - 300/400CPU 和其他模块具有强大的故障诊断能力,配合 STEP 7 软件的使用,用户可以获得大量的硬件故障和编程错误的信息,从而能迅速查找故障并排除故障。

记录错误信息的区域称为诊断缓冲区。诊断缓冲区是存放在 CPU 中的一个先进先出区域,它由后备电池来保持。对存储器的复位也不能清除该缓冲区的内容。它存储按照时间顺序排列的诊断事件,而且所有的事件也可以在编程器上按照它们出现的顺序进行显示。这个区域的大小由 CPU 型号决定,如果缓冲区满,则时间最早的信息将被覆盖。

诊断缓冲区是"Module Information"工具的一部分。它可以通过 SIMATIC 管理器的菜单"PLC > Diagnostic setting > Module Information > Diagnostic Buffer"或程序编辑器的菜单"PLC > Module Information > Diagnostic Buffer"进行访问。

利用 CPU 的诊断功能可以识别 CPU 或模块中的系统错误和 CPU 中的程序错误。如果必要,将自动激活一个相关的异步错误组织块或同步错误组织块。

一个事件发生时,如 CPU 的操作模式由 RUN – P 转换到 STOP,那么标有时间和日期的信息将被保存到诊断缓冲区中。如图 6 – 4 所示,诊断缓冲区显示了最新的信息,点击每一条信息,在窗口下方的"Details"区域会同时显示详细的诊断内容,综合这些信息可知这个事件使 CPU 的操作模式改变。

并不是每个故障或错误都能在诊断缓冲区中找到原因。针对下列故障,应采用不同的手段予以排除:

(1)对于导致 CPU 停机的故障,应使用"Module Information"工具。

(2)若逻辑错误,即程序可执行但功能不能实现,则应使用变量表和程序状态监视工具。

（3）对于偶尔出现的故障（只在特定的系统状态下才出现的故障，它可能导致停机或逻辑错误），可使用"CPU Messages"工具。

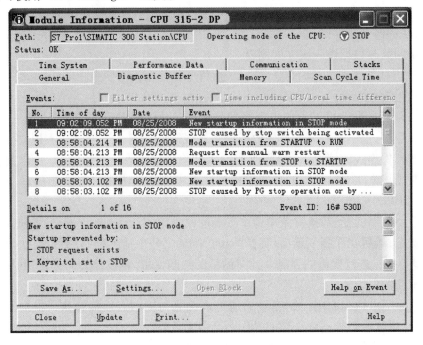

图6-4　诊断缓冲区中的内容

注意：在使用诊断缓冲区内容时，最好事先预留CPU校对时间，便于用户根据时间信息调试。通过SIMATIC管理器的菜单"PLC > Diagnostic setting > Set Time of Day"或程序编辑器的菜单"PLC > Set Time of Day"进行访问，打开如图6-5所示的对话框。"PG/PC Time"栏显示的是当前编程器的时间，"Module Time"栏显示的是CPU模块的时间，激活"Take from PG/PC"选项，再单击"Apply"按钮，就可以将模块的时间校对为编程器的时间。

图6-5　"Set Time of Day"对话框

3.利用"参考数据"调试

参考数据(Reference Data)是一个非常有力的排除逻辑错误工具。例如,若在监视程序状态时发现一个内存位的条件不成立,则可以利用参考数据工具来确定该位是在哪里被设置的。对地址的多次赋值(也就是该地址在程序的多处被赋值)是一种常见的错误,利用参考数据工具可以很容易地发现这类错误。

参考数据通过直观的表格方式显示,可以让用户对程序的调用结构、资源占用情况等一目了然。利用参考数据,用户调试和修改程序将更加方便。

(1)参考数据的生成和显示方式

在用户编好程序后,在 SIMATIC 管理器中选择要生成参考数据的块文件夹,然后通过菜单命令"Options > Reference Data > Generate"生成参考数据。如果用户在修改程序后又要重新生成参考数据,则 SIMATIC 管理器会提醒用户是否刷新或重新生成。只需通过菜单命令显示参考数据表,打开后也无需保存。

STEP 7 中可显示五类参考数据。显示参考数据的方法如下:

①从 SIMATIC 管理器中显示:选择"Blocks"文件夹,选择菜单命令"Options > Reference Data > Display"。

②从编程语言编辑器窗口显示:选择菜单命令"Options > Reference Data > Display"。

(2)参考数据表的种类

执行菜单命令后,系统提示选择生成参考数据表的种类,如图 6 - 6 所示。五类参考数据表如下所述。

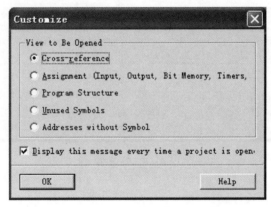

图 6 - 6　选择生成参考数据表的种类

①Cross - reference(交叉参考表)

利用交叉参考表可以得到输入(I)、输出(Q)、位存储(M),定时器(T)、计数器(C)、功能块(FB)、功能(FC)、系统功能块(SFB)、系统功能(SFC)、PI/PO 和数据块(DB)。这些存储区域中被用户程序使用的地址列表详细显示了绝对地址和符号地址及其使用情况,如图 6 - 7 所示。

交叉参考表的默认选项是按存储区域分类。如果用鼠标点中栏标题,则可以按默认分类标准对这一栏的输入项进行分类排序。

②Assignment(赋值表)

赋值表显示在用户程序中已经赋值的地址,使用用户能概括地了解输入(I)、输出(Q)、位存储(M)、定时器(T)和计数器(C)中哪个字节中的哪一位被使用了。如图6-8所示,每行包含存储区的一个字节,在该字节中有八个位,按其访问的情况标有不同的颜色和符号,并指示访问是否为一个字节、一个字或一个双字。这是诊断用户程序故障的重要依据。

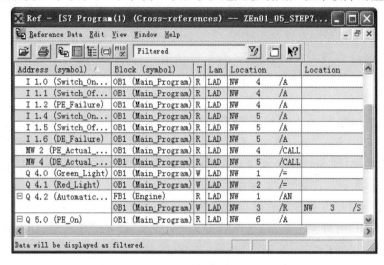

图6-7 交叉参考表

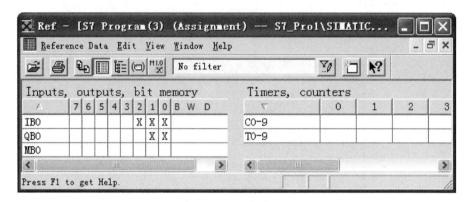

图6-8 赋值表

③Program Structure(程序结构)

程序结构显示了程序块在用户程序中的分层调用结构。通过程序结构可以对程序中所用的块、它们之间的从属关系以及它们对局部数据的需求有一个概括性的了解。

④Unused Symbols(未使用的符号)

该项显示已经在符号表中定义却未在用户程序的任何一部分中使用的符号。表中的每一行由符号、地址、数据类型和注释组成。

⑤Address without Symbol(没有符号的地址)

该项显示S7用户程序中已经使用却未在符号表中定义的地址。表中的每一行包括地址和该地址在用户程序中使用的次数。

4.利用S7-PLCSIM模拟程序调试

具体见3.7节。

6.2 PLC系统的故障诊断

6.2.1 日常维护检查及注意事项

PLC硬件是大规模集成电路,基本上没有寿命问题,但考虑到环境条件会导致元件劣化,因此有必要进行定期维护检查。使用中的注意事项和系统的常规维护检查事项如下:

①应注意系统的环境温度、湿度以及是否积尘。

②检查系统的供电和输入/输出使用的电源是否在基准范围之内,尽量避免不必要的停电。

③检查安装情况,检查各单元是否固定好,连接电缆是否完全插入连接器并锁定,外部配线螺丝有无松动,外部配线电缆是否有断裂。定期检查PLC系统的I/O(输入/输出)模块的接线情况。特别注意,尽量不要将灰尘、油污弄到接线端子上,引起接触不良。

④注意输出继电器的寿命,检查控制系统外部电气、继电器触头、滑动接触电器的状况。

⑤有些老式PLC产品使用电池,要保证在停电时,CPU模块内存中存储的工作参数等信息不丢失。要经常留意电池故障灯状况,一旦灯亮,就应更换电池。对于西门子S7系列PLC,更换时应保持电源供电,即带电更换电池。(日本的PLC产品,如三菱公司和富士电机公司的产品,在更换电池时是断电更换的,这是因为在更换的过程中,有一个大电容在放电,这类PLC在更换电池时往往要求在数十秒内完成。)

用户应阅读系统的技术资料,在接船、交船时对系统进行全面的功能测试或进行模拟试验;注意与资料对照或记录系统正常工作时的参数,注意系统正常运行时的仪表和指示灯显示,以便在维修或发生故障时进行对照。

6.2.2 故障分类

1. 外部设备故障

外部设备就是与实际过程直接联系的各种开关、传感器、执行机构、负载等。这些设备发生故障直接影响到系统的控制功能。这类故障约占整个控制系统故障总量的95%。

2. 系统故障

系统故障是影响系统运行的全局性故障。系统故障可分为固定故障和偶然故障。当系统发生故障后,如果可通过重新启动使系统恢复正常,则可认为该故障为偶然性故障(又称可自动恢复故障);若重新启动后不能恢复而需要更换硬件或软件,则可认为该故障为固定故障(又称不可自动恢复故障),这种故障一般是由系统设计不当或系统运行时间较长所致。

3. 硬件故障

硬件故障主要是由系统中的模块(特别是I/O模块)损毁而造成的。这类故障一般比较明显,且其影响多数情况下是局部的。它们主要是由使用不当或使用的时间较长,模块内元件老化所致。

4. 软件故障

软件故障是由软件本身所包含的错误引起的,主要是由于软件设计考虑不周,在执行中一旦条件满足就会引发故障。在实际工程应用中,由于软件工作复杂,工作量大,因此软件错误几乎难以避免,这就引出了软件可靠性问题。

以上故障分类尚不全面,但 PLC 系统的绝大部分故障属于上述四种。根据以上分类,可以帮助用户分析和找出故障发生的部位和原因。

6.2.3　故障的宏观诊断

故障的宏观诊断就是根据经验以及参照发生故障的环境、现象来确定故障的部位和原因。这种诊断方法因 PLC 产品种类不同各异,需根据具体的 PLC 来实现宏观诊断。

对于由 PLC 组成的控制系统的故障诊断应按如下步骤进行。

①检查故障是否为使用不当引起的故障。根据使用情况可初步判断出这类故障的类型、发生部位。常见的使用不当包括供电电源错误、端子接线错误、模块安装错误、现场操作错误等。

②如果所发生故障不是使用不当引起的故障,则可能是偶然性故障或系统运行时间较长所引发的故障。对于这类故障,可按 PLC 系统的故障分布依次检查,判断故障。首先检查与实际过程相连的传感器、检测开关、执行机构和负载是否有故障;然后检查 PLC 的 I/O 模块是否有故障;最后检查 PLC 的 CPU 是否有故障。如果按此方法能找到故障并排除,则不必再检查下去。

在检查 PLC 本身故障时,可参考 PLC 的 CPU 模块和电源模块上的指示灯。具体做法如下:若 CPU 处于 STOP 模式,红色指示灯亮,则故障可能发生在 CPU 模块、扩展模块上或由外部通信连接不好所致;若 CPU 处于 RUN 模式,绿色指示灯亮,操作出现故障,则可能是应用软件故障或 I/O 模块故障;若电源模块上的电源指示灯不亮,则检查此模块。

若采取上述步骤检查不出故障部位和原因,则可能是系统设计错误,此时要重新检查系统设计,包括硬件设计和软件设计。

6.2.4　故障判断及修理的一般原则和技巧

自动控制系统的功能是自动地根据生产过程的状态和控制指令对执行机构发出控制信号,对被控制对象进行控制。在 PLC 控制系统中,各种物理量(生产过程的状态和执行机构的动作等)都以电气信号的形式输入/输出到 PLC,由 PLC 中预先输入的用户程序进行处理。若系统的功能不符合该系统的规定,则往往是系统出现了故障。

在查找故障时,一般先看电源是否正常。如果电源正常,则再看故障的影响范围,是整个系统(包括 PLC 设备的显示信息和被控制的设备)都瘫痪,还是局部的故障(此时,PLC 模块的 RUN LED 仍然亮,PLC 设备基本没有问题)。如果是局部故障,则利用技术资料图纸找到该项出问题的功能所涉及的外部逻辑条件,以及其所对应的具体 I/O 通道和具体设备,进行检查测量。

营运中的船舶的自动化系统发生的故障一般部位比较单一,容易被找到。而陈旧的设备或经过多位维修人员处理仍未修复的故障,则往往增添一些人为的故障,增加了故障判断的难度。下面介绍一些故障判断及修理的一般原则和技巧。

①在进行故障判断前,要熟悉系统的结构、工作原理、功能和操纵方法,熟悉操纵手柄的用途、显示灯的含义,熟悉各种操纵方式之间的转换方法和相互关系,以及系统运行的条件和结果,仔细阅读说明书。有实践经验的维修人员也可以通过烧焦的元件或气味,或先

检查易损部件,迅速找到故障部件。

②当系统的某项功能不能实现时,系统并不一定有故障,首先可能是操纵者对系统不熟悉,系统工况不符合正常运行要求而引起系统的正常保护动作,却被认为是系统故障。

③故障信号流程图追踪法是判断故障部位的最常用方法。该方法亦称为故障树分析法。在这种方法中,通过追踪检查与故障有关的各种信号通路及状态,确定发生故障的部位,如图6-9所示。

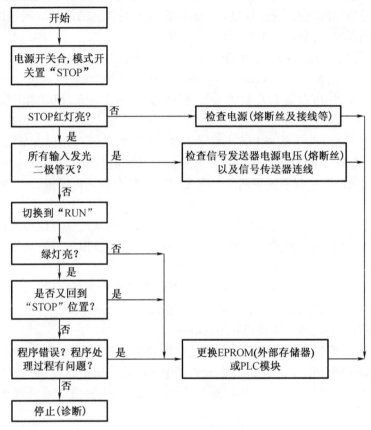

图6-9 故障信号流程图

④采用模块功能测试法。各种复杂的系统通常可以被看作由一些分系统、环节或部件组成。这些具有一定功能的分系统、环节或部件可以称作模块。模块的划分并不是死板的,一个模块可以是一个元件,也可以包含许多部件。只要系统中的某一部分与其他部分相对独立,输入和输出信号之间存在一定的对应关系,具有一定的功能,便于对其进行测试,就可以把该部分看作一个模块。

尽管可能不知道一个模块的具体内部结构(俗称"黑盒子"),但只要对其功能和输入/输出信号的关系进行测试,就可以判断该部分是否正常。例如,一个PLC控制系统可以分为PLC设备和外部设备两大部分,而PLC设备又可以分为CPU模块、输入/输出模块等。不同模块在系统中的地位、承担的作用不同,有的是系统实现各种功能的共用部分,如果损坏了,则系统的全部功能丧失;而另一些模块则只承担局部的工作,如果损坏了,将只影响局部的功能。因此,当系统出现故障时,可以根据系统的模块化结构将故障原因判断到模块一级;然后对这一模块设计测试方案进行测试,即对该模块提供输入信号,观察其输出信号是否符合模块设计的规定。如果不符合,则基本证明该模块有故障。

CPU 模块的故障往往表现为整个系统失去反应,而 I/O 模块的故障往往只影响该模块 I/O 信号相关的功能,某一外部设备的故障只影响这一信号的相关功能。对于 PLC 控制系统,通常首先可以区分出故障是发生在 PLC 还是外部设备。

⑤检查 I/O 信号状态。通过 PLC 模块上 I/O 信号对应的 LED 显示,可以方便地观察到每一通道的 I/O 信号状态。但是,外部设备损坏、连线接触不良都可以造成 PLC 收发信号与外部设备信号的实际状态不符,这也是 PLC 控制系统最常见的故障。当发现控制系统出现故障或动作错误时,应根据图纸找到相应的 I/O 地址。

更换开关、传感器、电磁阀及指示灯等器件(对系统来说是 I/O 部件)时,注意不要发生短路,以免扩大系统的故障。如果由于某种原因损坏了某一个输入/输出(I/O)通道,又一时无备件可以更换,则可以请 PLC 技术人员将其接到备用通道上,相应地用编程器(PG)修改软件。

⑥进行模拟试验。为了检查 PLC 控制系统的功能,对其进行调试和故障诊断,必须对系统在各种运行状况下的控制动作进行测试。但对系统的检查通常在系统停止运行状态下进行,这时无法提供控制系统在判断时需要的不同状态值。为了解决上述问题,就需要进行模拟试验。

所谓模拟试验就是采取以假代真的模拟手段,为系统测试提供可以随意设置的各种运行状态模拟信号,使控制系统或系统中的某一部分根据这些模拟信号发出控制信号并进行显示,从而判断控制装置的功能,进行调试和故障诊断。

在进行模拟试验前要做好各种准备工作。而在模拟试验进行完毕后,必须将进行模拟试验的临时设置全部复位,否则系统不能正常工作。

⑦此外,还有一些故障排除技巧和注意事项。

a. 充分利用显示灯、LED 的信息,尤其是自检显示的信息。发生故障时,可以先查看 PLC 的 CPU 模块 POWER LED 显示,判断是否是电源故障。如果 POWER LED 亮,则再查看 RUN LED 是否亮,如果灯灭,表示 PLC 运行停止,可能是扩展模块或外部通信连接不好所致。

b. 如果故障属 PLC 硬件故障,则可通过换用 PLC 模块备件进行解决。若硬件无故障,而系统的控制功能不符,则应考虑参数的设置问题(如启动油量、点火转速等),应根据故障的具体现象及机器的使用状态等情况对参数作适当修改。怀疑故障的原因是系统工作参数设置错误时,可以将全部参数与技术资料对照一遍,快捷地排除参数设置故障。

c. 若经过测试,输出点的 LED 显示表明系统的输入/输出信号控制关系正常,而执行机构没有随其动作,则应根据电气原理图和接线图检查外部的电磁阀或者外部电气连接。

d. 在使用键盘修改系统工作参数或通过印刷板上的微调电位器修改系统工作参数之前,最好记录其原始数据或原始位置,以便在修改无效时恢复初始值。

e. 拔、插印刷电路板或模块时,要关闭电源。要记住模块或印刷电路板的型号和在插槽的原始位置。要将新模块上可设置的拨动开关、跳线、电位器设置得与原有模块一致。

f. 此外,还有许多注意事项,如保证系统可靠、正确地接地,避免电磁干扰(如大负载电缆靠近 PLC 系统),等等。

6.3 S7系列PLC的模块安装与系统维护

6.3.1 模块的安装

把模块安装到导轨上的顺序如下：

①将总线连接器插在模块上。

②把模块钩在导轨上再向下转动到位。

③拧紧模块的紧固螺钉。

④重复前3步，装下一个模块。

⑤安装完所有模块，把钥匙插在CPU的模式选择开关上。

把模块安装到导轨上的具体步骤如下：

（1）插总线连接器

除CPU模块外，每块信号模块都带有总线连接器。插总线连接器时，总是从CPU开始，如图6-10所示。

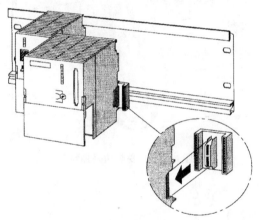

图6-10　在模块上插入总线连接器

①将其放到CPU模块的右侧，并插在CPU模块上。

②对其后的信号模块也执行同样的操作。

③最后一块模块的右侧不再安装总线连接器，电源模块与CPU之间也不需要。

（2）将模块装在导轨上

把模块钩在导轨上（图6-11中1），然后将它滑移到最左面的模块（图6-11中2），向下转动入位（图6-11中3）。按照下列顺序安装模块。

①安装电源模块。

②安装CPU模块。

③安装信号模块（图6-12）：注意确保总线连接器已插在CPU模块上并且闩锁在信号模块上。后续模块安装时也应注意。另外，若插入SM331模拟量输入模块，请在安装前检查模块侧面的量程卡是否调整到所需测量范围。

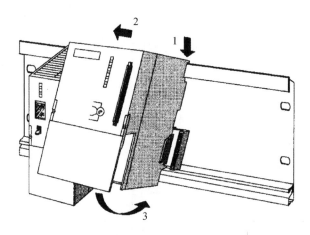

图 6 – 11　安装 CPU 模块

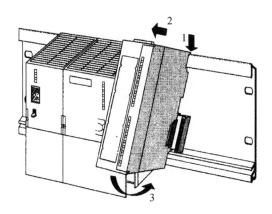

图 6 – 12　安装信号模块

(3)拧紧模块的紧固螺钉(图 6 – 13)

(4)插入钥匙(图 6 – 14)

一旦将 CPU 模块安装在导轨上,就可以将钥匙插入 CPU 模块,可以选择在 STOP(停机)位置或 RUN(运行)位置。

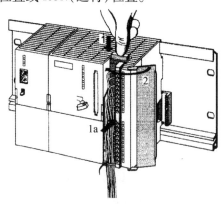

图 6 – 13　拧紧模块的紧固螺钉

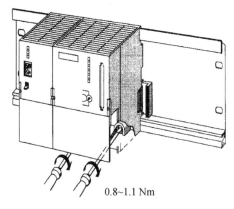

0.8~1.1 Nm

图 6 – 14　插入钥匙

6.3.2 模块的接线

(1)电源模块与 CPU 模块的接线方式

电源模块与 CPU 模块是通过一个随电源模块一起提供的特殊的电源插头连接的。具体使用方法参见图 6－15。

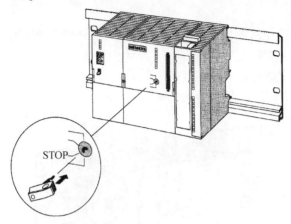

图 6－15 电源插头的使用方法

(2)信号模块的接线方法

①根据地址,将对应的信号线接到信号模块的前连接器上。

②将前连接器安装到信号模块上。20 针前连接器的安装步骤是,压下模块顶部的开锁按钮,同时将前连接器推进到它在模块上的工作位置。当前连接器进入其工作位置时,开锁按钮随即返回其锁定位置,如图 6－16 所示。而 40 针前连接器是通过旋紧螺钉将前连接器固定到其工作位置的。

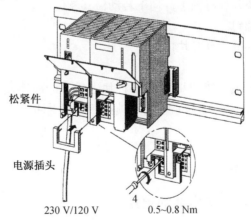

图 6－16 20 针前连接器安装方法

6.3.3 模块的更换

(1)模块更换之前的准备工作

①购买新备件(注意写清定货号,如 6ES7 314 － × × ×)。

②断开电源。

（2）拆卸模块（图6-17）的步骤

①用运行钥匙开关将 CPU 切换到 STOP 模式。

②断开此模块的负载电压。

③取下标签单。

④打开前盖。

⑤将前连接器脱锁并从模块中拉出。具体做法为：下压锁钮，同时用另一只手紧紧夹住前连接器(5a)，并将它拉出。

⑥拧松模块的固定螺钉。

⑦向上转动模块并将它从导轨上取下来。

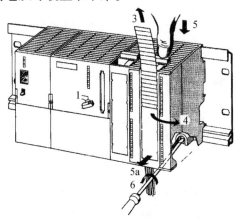

图 6-17　拆卸模块

（3）安装新模块的步骤

①将同型号的新模块勾在导轨上并向下转动使其就位。

②拧紧模块的紧固螺钉。

③将原有模块的标签插入新模块内。

④打开新模块的前盖。

⑤压下模块顶部的开锁按钮，同时将从旧模块上拆下的前连接器推进到它在模块上的工作位置。当前连接器进入其工作位置时，开锁按钮随即返回其锁定位置。

⑥关上前盖。

⑦重新接通负载电压。

⑧最后将 CPU 设置为运行（RUN）模式。

6.3.4　后备电池或充电电池的更换

为避免丢失内部用户存贮器的数据和保持 CPU 运行的时钟，只能在电源接通时更换后备电池或充电电池。如图6-18所示，其具体步骤如下：

①打开 CPU 的前盖。

②用螺丝刀将后备电池或充电电池从电池盒中撬出来。

③将新电池的连接器插入 CPU 电池盒中对应的插座。电池连接器上的凹口必须指向左面。

④将新的后备电池放置到 CPU 的电池盒中。

⑤关上 CPU 的前盖。

注意:推荐每年更换一次后备电池;充电电池不需要更换。当没有将充电电池插入 CPU 中时,不要对其充电。只能在电源接通时,通过 CPU 对充电电池进行充电。

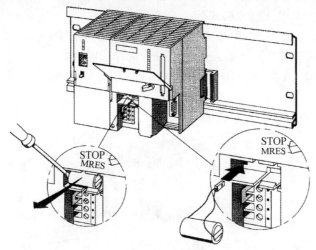

图6-18 更换后备电池或充电电池的过程

6.3.5 保险丝的更换

数字量输出模块(SM322,DO16×120VAC 和 DO8×120/230VAC)内装有保险丝(8 A, 250 V),用于短路保护。保险丝位于数字量输出模块的左侧。图6-19 显示了保险丝在数字量输出模块上的位置。更换保险丝步骤如下:

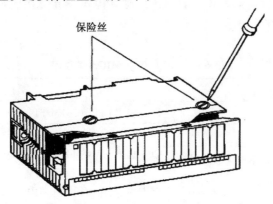

图6-19 数字量输出模块上的保险丝的位置

用钥匙开关将 CPU 切换到 STOP 模式→断开数字量输出模块的负载电压→从数字量模块中取出前连接器→拧松数字量输出模块的固定螺丝→取下数字量输出模块→从数字量输出模块拆下保险丝座→更换保险丝→将保险丝座装回数字量输出模块→重新安装该数字量输出模块。

6.3.6 存储器卡的插入与更换

存储器卡一般用于存储用户程序以及 CPU 和 I/O 模块的参数。该卡应插入 CPU 的插座中,具体步骤如下:

①设置 CPU 为 STOP(停止)模式。

注意:如果 CPU 不是在 STOP 模式而是在 RUN 模式存储器卡插入,则 CPU 会自动进入 STOP 模式,同时 STOP LED 以 1 秒间隔闪烁以请求存储器复位。

②将存储器卡插入 CPU 的插座中。注意:存储器卡上的插入标记应对准 CPU 上的标记,如图 6 – 20 所示。

③复位 CPU 存储器。

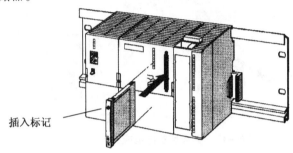

插入标记

图 6 – 20 将存储器卡插入 CPU

6.3.7 CPU 存储器复位

CPU 存储器在以下情况下必须复位:①在向 CPU 传送一个新的(完整的)用户程序以前;②CPU 请求 MRES 存储器复位并且 STOP LED 停机发光二极管以 1 s 间隔闪烁。CPU 请求 MRES 的原因见表 6 – 1。

表 6 – 1 CPU 请求 MRES 的原因

CPU 请求 MRES 的原因	备注
插入了错误的存储器卡	没有应用 CPU312 IFM/314 IFM 时
CPU 中的 RAM 错误	
工作存储器容量太小,亦即不能装载存储器卡上用户程序中所有的块	CPU 插入 5 V 的 FEPROM 存储器卡:如果存在左述理由之一,则 CPU 请求存储器复位一次。此后 CPU 无视存储器卡内容,在诊断缓冲器中输入故障原因并切换至 STOP 模式,再擦除 CPU 中 5 V – FEPROM 的内容或输入新的程序
企图装载有错误的块,如编程有错误的命令	

通过以下两种方法可复位 CPU 存储器。

1. 使用编程器复位 CPU 存储器

此时 CPU 应处于 STOP 模式,具体操作方法见编程器使用相关章节。

2. 使用模式选择器复位 CPU 存储器

如图 6 – 21 所示,使用模式选择器复位 CPU 存储器的步骤如下:

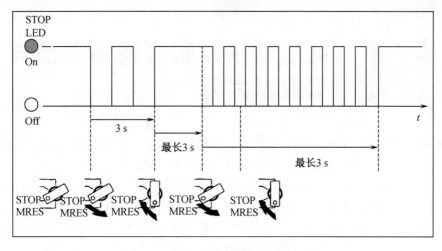

图6-21 使用模式选择器复位 CPU 存储器

①将钥匙转动到 STOP 位置。

②将钥匙转动到 MRES 位置并保持在这个位置(约3 s),一直到 STOP LED 再度点亮; CPU 响应复位请求。

③3 s 内必须将钥匙从 STOP 位置转动至 MRES 位置并保持在该位置,一直到 STOP LED 闪烁(频率为 2 Hz)。当 CPU 完成复位后,STOP LED 停止闪烁并保持常亮,CPU 完成复位。

注意:若复位时 STOP LED 没有闪烁或另一个 LED 闪烁(但不是 BATF LED),则必须重复上述步骤②和③。若此时 CPU 仍不执行复位,则应检查 CPU 中的诊断缓冲器。

表6-2列出了 CPU 存储器复位时,CPU 内部发生的事件。

表6-2 CPU 存储器复位时,CPU 内部发生的事件

事件	CPU313/314/315/315-2DP/316	CPU312 IFM/314 IFM
CPU 进行的活动	1. CPU 删除 RAM 中和负载存储器中的整个用户程序(不包括 EPROM 负载存储器); 2. CPU 删除后备存储器; 3. CPU 测试本身的硬件	
	4. 若已插入存储器卡,则 CPU 将存储器卡中有关的内容复制到 RAM 中	CPU 复制 EPROM 存储器中的内容到工作存储器
复位后存储器的内容	CPU 存储器初始化为"0"。若已插入存储器卡,则用户程序装回 RAM 中	用户程序从 CPU 中集成的保持 EPROM 装回 RAM 中
还有什么遗留的?	诊断缓冲器的内容(可用编程器读出诊断缓冲器内容,见手册)	
	MPI 的参数(MPI 地址和最高 MPI 地址、波特率、CP/FM 的 MPI 地址)	
	运行时间计数器内容(不适用 CPU 312IFM)	

第7章 可编程序控制器网络通信与工业以太网

网络在自动化系统集成工程中的重要性越来越显著。PLC及其网络由于有较高的性价比,易于实现分散控制,成为工业企业控制中首选的控制装置。

PLC相互之间的连接使众多相对独立的控制任务在总的方面构成过程控制整体,形成模块控制体系。PLC与计算机的连接将可编程序控制器用于现场设备直接控制,而计算机用于编程、显示、打印和系统管理。它们所构成的集散型控制系统综合体现了两者的优势和特长。

7.1 通信与网络概述

数据通信方式、标准串行通信接口和网络拓扑结构是通信网络的物理基础。

7.1.1 数据通信方式

数据通信通常就是指计算机与外部的信息交换。它包含的内容十分广泛,如计算机与计算机之间、计算机与外部设备之间、计算机内部各部件之间的信息交换。数据通信的实质是数字信号从源点通过通信媒体向目标点的传输。

1. 基本通信方式

传输的基本通信方式有两种:并行通信方式和串行通信方式。

(1)并行通信方式

在并行通信方式中,数据传输以字节或字为单位,数据的各位同时传送,传递速度快,但所需传输线的数量较多,其根数等于数据位数,所以成本较高。并行通信方式常用于近距离、高速度的数据传输场合,如用于计算机内部各部件之间、计算机与打印机等具有IEEE488标准并行接口的设备之间的数据通信。

(2)串行通信方式

在串行通信方式中,数据通信以位为单位,数据一位接一位按顺序传递,只需一根传输线。它的经济性好,但传递速度慢,常用于低速、远距离通信场合,如计算机与计算机之间、计算机与具有串行接口的外部设备之间、计算机与可编程序控制器之间的数据交换等。

2. 单工、半双工和全双工方式

从串行通信双方信息的交互方式来看,数据通信可以分为单工、半双工及全双工三种方式。

(1)单工方式

在该方式中,只有一根单向传输线,数据只按一个固定方向传送,数据双方的发送与接收关系不变,如从A站发送到B站。

(2)半双工方式

在该方式中,使用同一根传输线既作接收线又作发送线,虽然可以在两个方向上传送数据,但通信双方不能同时收发数据。

采用半双工方式时,通信系统每一端的发送器和接收器通过收/发开关转接到通信线上进行方向的切换,因此会产生时间延迟。收/发开关实际上是由软件控制的电子开关。

(3)全双工方式

在该方式中,数据的发送和接收分别由两根不同的传输线传送,通信双方都能在同一时刻进行发送和接收操作。

在全双工方式中,通信系统的每一端都设置发送器和接收器,因此能控制数据,同时在两个方向上传送。

3. 波特率和波特率因子

在串行通信中,用"波特率"来描述数据的传输速率。所谓波特率即每秒传送的二进制位数,其单位为 bit/s。国际上规定了一个标准波特率系列:110 bit/s、300 bit/s、600 bit/s、1 200 bit/s、1 800 bit/s、2 400 bit/s、4 800 bit/s、9 600 bit/s、14.4 kbit/s、19.2 kbit/s、28.8 kbit/s、33.6 kbit/s、56 kbit/s。例如,9 600 bit/s 指每秒传送 9 600 位,包含字符的数位和其他必须的数位,如奇偶校验位等。通信线上所传输的字符数据(代码)是逐位传送的,一个字符由若干位组成,因此每秒所传输的字符数(字符速率)和波特率是两个概念。在串行通信中,假设传送 1 个字符,包括 12 位(其中有 1 个起始位、8 个数据位、2 个停止位),其传输速率(波特率)是 1 200 bit/s,每秒所能传送的字符数是 1 200/(1 + 8 + 2) = 109 个。

4. 异步通信和同步通信

串行通信又分为异步通信和同步通信,以及同步数据链路通信、高级数据链路通信等。这些就是串行通信的软件协议。它们的主要区别表现在不同的信息格式上。

(1)异步通信

异步通信传输的数据以字符为单位,而且字符间的发送时间是异步的,也就是说,后一个字符的发送时间与前一个字符无关。用一个起始位表示字符的开始,通常规定起始位是"0";用停止位表示字符的结束,通常规定停止位为"1",它可取 1 bit、1.5 bit 或 2 bit。一个字符可以用 5 bit、6 bit、7 bit 或 8 bit 数据表示。例如,ASCII 编码的一个字符是用 7 bit 数据来表示的。在数据后可以附加一位奇偶校验位,以提高数据位的抗干扰性能,但也可以不加。在没有数据要传送时,通信线路处于高电平"闲"状态,处于等待状态。

(2)同步通信

同步通信是一种以报文和分组为单位进行传输的方式。由于报文可包含许多字符,因此可大大减少用于同步的信息量,提高传输速率。目前在计算机网络中大多采用此种传输方式。

同步传输时,一个信息帧中包含许多字符,每个信息帧用同步字符作为开始,一个字符可以对应 5~8 bit。当然,对同一个传输过程,所有字符对应同样的数位,比如说 bit。同步通信时,不允许在字符之间出现空隙,如果发送端在某个时刻没有数据发送,那么就要在这个时间间隙里补入相应数量的同步字,直到再有新的数据发送为止。

同步传输的协议有面向字符的同步协议和面向比特的同步协议。面向字符的同步协议的特点是一次传送由若干个字符组成的数据块,而不是只传送一个字符,并规定了 10 个字符作为这个数据块的开头与结束标志以及整个传输过程的控制信息,它们也叫作通信控制字。面向比特的协议中最具有代表性的是 IBM 的同步数据链路控制规程 SDLC,以及国际标准化组织 ISO 的高级数据链路控制规程 HDLC 等。该协议的特点是其传输的一帧数据可以是任意位,而且它是靠约定的位组合模式而不是靠特定字符来标志帧的开始和结束,故称"面向比特"的协议。

7.1.2 标准串行通信接口

设备之间数据传送的连接结构称作通信接口。在工业现场控制中普遍采用串行数据通信。RS－232、RS－422 与 RS－485 都是串行数据接口标准,最初都是由美国电子工业协会(EIA)制定并发布的。

RS－232、RS－422 与 RS－485 标准只对接口的电气特性做出规定,而不涉及接插件、电缆或协议。用户可在此基础上建立自己的高层通信协议。

下面介绍应用最广泛的 RS－232C 和 RS－422/485 串行通信接口。

1. RS－232C 串行通信接口

RS－232C 是 EIA 于 1969 年公布的一种通信协议标准,它是为远程通信中数据终端设备(DTE)和数据通信设备(DCE)的连接(如计算机与外设的连接)而制定的。标准中对串行接口的机械特性、信号功能、电气特性和过程特性都做了明确的规定。

RS－232C 的标准接插件是 25 芯的 D 形电缆插头(图 7－1),凸形插头安装在数据终端设备(DTE)上,凹形插头安装在数据通信设备(DCE)上。25 根信号线各有定义,其中常用的只有 9 根,故也有 9 芯非标准电缆插头(图 7－2)。表 7－1 列出了 RS－232C 串行接口常用的引脚信号及其定义。

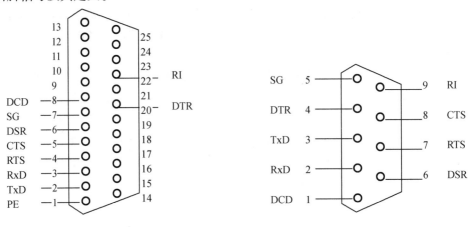

图 7－1 25 芯的 D 形电缆插头　　　　图 7－2 9 芯非标准电缆插头

表 7－1 RS－232C 串行接口常用的引脚信号及其定义

引脚	信号	定义	引脚	信号	定义
1	PE	设备保护地线	6	DSR	数据设备就绪
2	TxD	发送数据	7	SG	信号地线
3	RxD	接收数据	8	DCD	载波检测
4	RTS	请求发送	20	DTR	数据终端就绪
5	CTS	允许发送	22	RI	振铃指示

RS－232C 的电气接口是单端、双极性电源供电电路,传输距离最远为 15 m,传输速率

最高为20 kbit/s。若使用优质电缆、先进的计算机软硬件,则其传输距离可达100 m,传输速率可达115 kbit/s。

RS-232C价格低廉,使用方便,主要用于主机与外设之间的数据通信。RS-232C的电气接口采用单端驱动、单端接收电路,有公共地线,如图7-3所示。这种接口电路不能区分有用信号和干扰信号,抗干扰能力差,故其传输速率和传输距离受到很大限制。

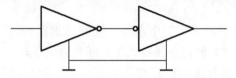

图7-3 RS-232C电气接口电路

2. RS-422/485串行通信接口

为了提高传输速率和增加通信距离,美国EIA于1977年推出新的串行通信标准RS-499,它增加了10种电路功能,特别对RS-232C接口的电气特性做了改进。目前工业环境中广泛应用的RS-422/485就是此标准的子集。RS-422/485的电气接口采用平衡驱动、差分接收电路,消除了信号共地,如图7-4所示。平衡驱动器相当于两个单端驱动器,当输入同一信号时,其输出是反向的。当有共模信号干扰时,接收器只接收差分信号电压,从而大大提高了抗共模干扰的能力,并能在较长的距离内明显提高传输速率。其最大传输距离可达1 200 m(传输速率为10 kbit/s时),最大传输速率可达10 Mbit/s(传输距离为12 m时)。

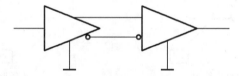

图7-4 RS-422/485电气接口电路

RS-485是RS-422的变型。两者的区别是,RS-422为全双工型(收、发同时进行),RS-485为半双工型(收、发分时进行)。在使用RS-485互连时,某一时刻只有一个站点可以发送数据,其他站点只能接收数据,因此其发送电路必须由使能端加以控制,如图7-5所示。

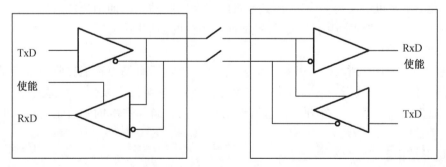

图7-5 RS-485电气接口电路

3. 串行接口的实际应用

RS-422/485接口用于多站点的互连时十分方便,在一条总线上允许连接128个站点。

这对于工业控制十分实用,通过它可以将分散的控制系统连接起来,构成集散型控制系统。

当需要将两台以上带有 RS – 232C 接口的计算机连接起来,或将带有 RS – 2332C 接口的计算机与带 RS – 422/485 接口的可编程序控制器连接起来进行通信时,则需采用 RS – 232C – RS – 422/485 转换装置来实现。

7.1.3 网络拓扑结构

集散型控制系统具备明显优于集中控制系统的适用性、可扩展性和抗单点故障性等,工业局部网络则为实现集散式测控系统提供了互联和通信手段。

在网络中通过传输线路互连的站点称为节点。节点间的物理连接结构称为拓扑。常见的多点互连的网络拓扑结构有树形结构、总线形结构、星形结构、环形结构等,如图 7 – 6 所示。

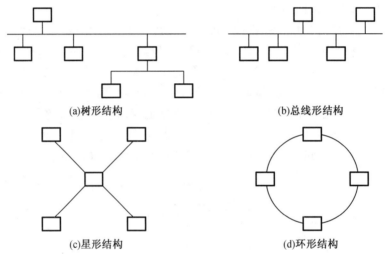

(a)树形结构   (b)总线形结构

(c)星形结构   (d)环形结构

图 7 – 6 多点互连的网络拓扑结构

1. 树形结构

树形结构是主从型结构。其在系统中提供了一个集中控制点,上级站点控制下级站点的数据通信,同级站点的数据传输由上一级站点的转接实现。其特点是:当某一站点发生故障时,其下级站点的通信会瘫痪,而其上级站点及同级站点的通信仍能进行,只是不能与该站点通信。树形结构常用于分级递阶、横向联系少的通信网络。

2. 总线形结构

在总线形结构中,所有站点共享一个公共通信总线,所有站点都能接收总线上的信息,站点间的通信通过总线以令牌传送方式实现。其特点是:某站点发生的故障对整个系统影响较小,而且站点的增删十分方便。总线形结构是工业局部网络的主流结构,得到了普遍应用。

3. 星形结构

星形结构是中央控制型结构,一切通信都经中央站点控制和转接。其特点是:控制容易,单个站点的故障对整体影响较小,常用于系统的直接控制层级。

4. 环形结构

环形结构是相邻站点顺序连成环路的结构,信息在环上以固定的一个方向顺序传输。

每个站点接收上一站点发来的信息,需要时再将其发送到下一站点。其特点是:各站点间可采用不同的传输介质(电缆)和不同的传输速度(波特率)。在随机通信频繁时,该结构的传输效率较高,但某个站点的故障会使信息通路阻塞,系统可靠性不高。

7.2 SIMATIC S7 – 300 的网络通信

7.2.1 可编程序控制器的通信网络

工业生产中有大量的被测量与被控量分布在不同的地域和时域中。当计算机和可编程序控制器建立通信网络进行跨时空的整体测控时,能够达到"传输信息,共享资源,分散控制,集中管理"的目的,这是实现工业生产过程综合自动化的重要方法。

可编程序控制器与计算机以及可编程序控制器与可编程序控制器连成的通信网络称为 PLC 网络,它与计算机网络的原理、结构是基本一致的。对于联网工作的 PLC,硬件上要增加通信接口、通信单元、电缆或光缆及相应的通信器件,软件上要配备符合网络协议的通信程序。

目前,各种类型的可编程序控制器都具有数据通信能力。通常将 PLC 与计算机之间的网络连接称为 PLC 的上位连接系统,将 PLC 与 PLC 之间的网络连接称为 PLC 的下位连接系统。

1. 上位连接系统

在上位连接系统中,可用一台计算机对多台 PLC 实行集中监控:上级计算机主要进行系统管理、状态监控、信息处理、编辑 PLC 程序和打印报表等工作;PLC 主要进行面向现场的实时控制。二者构成"集中管理、分散控制"的集散型控制系统。

PLC 设有 RS – 422/485 或 RS – 232C 通信接口;大中型 PLC 还配有专用通信单元——上位连接单元;计算机与 PLC 或其连接单元之间通过串行接口通信。当使用 RS – 232C 接口时,一台上位计算机只能连接一个 PLC。只有加接 RS – 232C – RS – 422/485 转换装置(适配器),才能实现计算机与多个 PLC 连接。

目前,上位计算机与 PLC 的通信协议尚无统一格式。PLC 各生产厂家将通信程序随 PLC 产品配备,并单独提供计算机使用的通信软件。

2. 下位连接系统

下位连接系统按功能可分为两类:一类是多台 PLC 之间的同级连接,它具有比单台 PLC 更强的控制功能,能够满足复杂的控制要求,实现较大规模的控制;另一类是以 PLC 自身为主站,向下与 PLC 子系统远程连接,实现主站对远距离分散目标的检测和控制,比如对自动生产线上各工序的监控。

(1)同级连接

PLC 与同级 PLC 之间通过各自安装的 PLC 连接单元相互连接,采用 RS – 422/485 串行接口。其系统一般为总线形或环形网络结构。其中的 PLC 多为同系列产品,可互连的 PLC 数量由型号决定。系统内每个 PLC 都有一个供系统识别的单元号和一个专供通信的数据缓冲区,用户只需编写数据收发程序即可实现 PLC 之间的信息传递。

(2)远程连接

PLC 主站与下级 PLC 从站通过各自安装的远程 I/O 单元相互连接,采用 RS – 422/485

串行接口或光纤接口。其系统一般为树形结构。主站单元和从站单元是生产厂家配套提供的,可匹配数量由 PLC 型号决定。从站单元 PLC 被就近安装在被测或被控对象附近,与主站采用光纤等进行通信,可实现数据传递的远距离、高速度和高保真。系统的通信程序随产品被安装在 PLC 和远程 I/O 单元中,用户只需设计远程 I/O 单元地址和编写用户应用程序即可使系统运行。

7.2.2　西门子网络通信

西门子公司网络产品的统一商标是 SINEC,从 1997 年开始,其注册商标改为 SIMATIC NET。它是一个对外开放的通信网络,应用领域广泛。西门子公司的控制网络分为 4 个层次:SINEC S1、SINEC L2、SINEC H1 和 SINEC H3。不同的协议规范适用于不同的网络。它们遵循不同的国际标准,具有不同的通信速度和数据处理能力。

西门子 PLC 的网络是为适应不同控制需要而制定的,也为各个网络层次提供了互连模块或装置,利用它们可以设计出满足各种应用需求的控制管理网络。

西门子 PLC 符合 MAP3.0 协议,采用 MMS(ISO9506)标准。以下分别介绍各层次的性能。

1. SINEC S1

SINEC S1 是用于连接执行器、传感器、驱动器等现场器件的总线规范,符合执行器 - 传感器接口(IEC TG17B)规范。其介质为双绞线电缆;连接长度为 100 m;单主机时可以有 31 个从站;最大的优点是可以用通信电缆直接供电。

SINEC S1 即 AS - i(传感器 - 执行器接口协议)。SINEC S1(以下简称 S1)网络通过直接相连的电缆传输简单的二进制编码的传感器和执行器信号。S1 的信号流为 4 位编码,用于每个从站将信息传递到主站(主站可以是 PC 或 PLC)。S1 的规范允许以简单的方式对现场装置直接进行连接。西门子公司的 CP2413 用于 PC 与 S1 网络的连接;CP2433 用于 S5 系列 PLC 与 S1 网的连接。

2. SINEC L2

SINEC L2 是面向现场级的通信网,属于现场总线系统。它对于各种装置、各个行业、特殊应用具有普遍适用性且符合 ISO、DIN 或相关组织标准,具有开放性和发展性等优点。

SINEC L2 遵从 DIN19245 标准,是西门子的过程现场标准(PROFIBUS)。它为分布式 I/O 站或驱动器等现场总线提供了高速通信所需的用户接口,以及在主站间进行大量数据内部交换的接口。其介质为双绞线或光缆,为光缆时表示为 L2FO,节点数为 127 个,光缆长度为 23.8 km,双绞线长度为 9.6 km。

3. SINEC H1

SINEC H1 遵从以太网(IEEE802.3)协议。其介质为双绞线电缆或光缆,为光缆时表示为 H1FO,可以用于构成单元网络或局部网络,网络节点数可以达到 1 024 个;使用光缆时传输距离可以达到 4.6 km;使用电缆时传输距离为 1.5 km。

SINEC H1 是基于以太网的工业标准总线系统。它将 MAP 通信所认定的以太网作为通信的基础。SINEC H1 网络可被用在大量的总线部件、接口模块的连接上。SINEC H1 的独特的接地技术可以保护接入的各种装置,使用带有两端口的收发器可以节约系统成本。

4. SINEC H3

SINEC H3 是遵从 FDDI(ISO9314)规范的主干网,其通信介质为光缆,呈双环拓扑结构,可以扩至 500 个网络节点,传输距离可以达到 100 km。

SINEC H3 采用双环冗余设计,数据传输速率为 100 Mbit/s,允许分布区域的最大环周长为 100 km,且有较高的负载承受能力。

7.2.3　S7 - 300 网络与通信

S7 - 300 根据实际应用需要可以采用不同的通信方式:用 MPI 接口可构成低成本的 MPI 网,实现网上各 S7 PLC 间数据共享;还可采用专用的通信模块构成不同层次的网络,与 S5/S7 PLC、外部设备或其他厂家的 PLC 组成网络。

1. MPI 网

S7 - 300 PLC 的 CPU 模块内置有 MPI 接口,如图 2 - 1 所示。MPI 网在内置的 S7 协议支持下工作,在 S7 系统内对编程器、CPU 和 I/O 等模块进行内部数据交换。

MPI 接口有以下两个用途:

①把各种具有 MPI 的设备连接起来组成 MPI 网。能接入 MPI 网的设备有 PG、OP(操作面板)、S7 - 300/S7 - 400 PLC 或其他具有 MPI 的设备。

②以全局数据通信方式实现网上 CPU 间的少量数据交换。

2. S7 - 300 通信模块

S7 - 300 PLC 有多种用途的通信模块供系统应用选择,如 CP340、CP341、CP342 - 2、CP342 - 5DP、CP343 - 5 等。下面举例介绍两种通信模块的性能,其他模块的性能参考相关技术手册。

(1)CP340

CP340 是一种经济型串行通信模块,数据通过 RS - 232C 接口进行传输,适合于点到点设备的连接。通过 CP340 不仅能实现 S5/S7 系列 PLC 的互连,而且能与其他品牌的系统或设备互连,如打印机、机器人控制系统等。

CP340 具有一个 RS - 232C 接口,前面板有数据发收和错误指示,内部固化有 ASCII 和 3964(R)两种标准协议,可以与多种设备进行数据交换。

CP340 通信模块具有友好的用户界面,参数设定简便。通过集成于 STEP 7 软件中的参数配置功能,用户可方便地选择 CP340 通信协议及参数。其参数设定通过 CPU 来进行,CPU 内部有一存放配置的专用数据块。

CP340 通信模块的主要技术数据有:一个 RS - 232C 接口,信号对 S7 电源隔离;数据传输率可选用 2.4 kbit/s、4.8 kbit/s、9.6 kbit/s;数据传输距离为 15 m;通信协议为 ASCII 或 3964(R)。

(2)CP342 - 5 DP

CP342 - 5 DP 是连接 S7 和 S7 到 PROFIBUS 总线系统的低成本的通信模块。它减少 CPU 的通信任务,同时支持其他通信设备。

CP342 - 5 DP 应用于 S7 - 300 系统中,给用户提供 SINEC L2 网的各种通信任务。它既可以作为主机或从机,将 ET200 远程 I/O 系统连接到符合"DIN E 19 245,Part 3"的 PROFIBUS 现场总线,也可以与编程装置或人机接口通信,还可以与其他 S7 PLC 或 S5 通信,而且可以与配有 CP5412(A2)的 AT PC 机以及其他品牌的具有 FDI 接口的系统建立连接。CP342 - 5 DP 也能与 MPI 分支网上的其他 CPU 进行全局数据通信。

CP342 - 5 DP 通信模块的主要技术数据有:用户存储器 Flash - EPROM 为 128 KB;

SINEC L2 LAN 标准符合 DIN E 19 245；传输方式为 RS – 485，波特率为 9.6 ~ 15 000 kbit/s；可连接的设备数量达 127。

2. MPI 网与全局数据通信

S7 – 300 可以通过 MPI 接口组成 PLC 网络。MPI 网采用全局数据通信模式，可以在 PLC 之间进行少量数据交换。MPI 网不需要额外的硬件和软件，具有使用简单、成本低等特点。

(1) MPI 网络通信

MPI 用于连接多个不同的 CPU 或设备。MPI 符合 RS – 485 标准，具有多点通信的性质。MPI 的波特率设定为 187.5 kbit/s。

接入 MPI 网的设备称为一个节点。仅用 MPI 接口构成的网络称为 MPI 分支网，最多可以有 32 个节点。两个或多个 MPI 分支网通过网间连接器或路由器连接起来，可以构成复杂的网络结构，实现更大范围的设备连接。MPI 网能够连接不同区段的中继器。

每个 MPI 分支网有一个分支网号，以区别不同的 MPI 分支网。分支网上的每一个节点都有一个网络地址，称为 MPI 地址。用 PG 可以为设备分配需要的 MPI 地址，修改最高 MPI 地址。分配地址需要遵循一定的分配原则，参见相关手册。需要注意的是，在 MPI 组网操作之间不能插入、拔出模块。

图 7 – 7 所示为一个 MPI 网络，它包括 S7 – 300 系列的 CPU、OP 及 PG 等。在 MPI 网络中，第一个节点到最后一个节点的最长距离为 50 m。对于一个要求较大区域的信号传输或分散控制的系统，采用两个中继器可以将两个节点的距离增大到 1 000 m，但是两个节点之间不应再有其他节点。

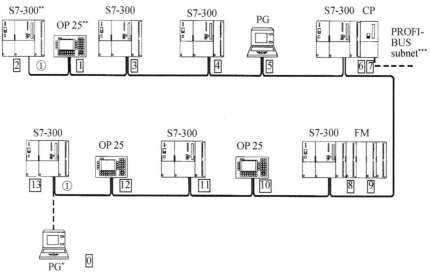

图 7 – 7 MPI 网络示意图

(2) 全局数据通信

全局数据(GD)通信方式以 MPI 分支为基础，是为循环地传送少量数据而设计的。GD 通信方式仅用于同一分支网的 S7 系列 PLC 的 CPU 之间，构成的通信网络简单，但只实现两个或多个 CPU 间的数据共享。S7 程序中的功能块(FB)、功能(FC)、组织块(OB)都能用绝对地址或符号地址来访问全局数据。在一个 MPI 分支网中，最多有 5 个 CPU 能通过 GD 通信交换数据。

7.2.4 S7 – 300 PLC 与其他计算机的通信

S7 系列 PLC 与计算机通信有多种途径。其中,在通信模块的支持下,用 RS – 232C 进行点到点通信是一种低成本解决方案。本节主要介绍通信模块 CP430 实现通信的方法。

CP 430 通信模块有一个 RS – 232C 串行通信接口,使 S7 – 300 PLC 能与其他具有 RS – 232C 接口的设备进行数据交换,一般称其为计算机。

CP 430 是 PLC 与计算机进行数据交换的通道,如图 7 – 8 所示。一方面,CP 430 的 RS – 232C 接口与计算机相连;另一方面,CP 430 通过背板总线与 PLC 的 CPU 相连。CP 430 模块能根据 CPU 模块的命令自主管理串行口的收发工作。CP430 模块固化有两个标准通信协议:3964(R)通信协议和 ASCII 通信协议。用 STEP 7 中的专用工具可选择通信协议并确定协议的参数,该参数存于 CPU 模块的系统数据块中,该内容随 PLC 的其他组态数据被下载。当 PLC 启动时,相关参数被传入 CP 430,然后,CP 430 按照选定的通信协议传输数据。

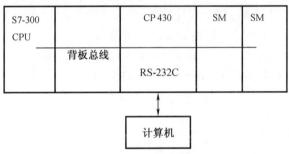

图 7 – 8 CP 430 连接

7.2.5 PROFIBUS 现场总线

20 世纪 90 年代以来,作为工业控制数字化、智能化与网络化典型代表的现场总线(field bus,FB)技术发展迅速、影响巨大,引起工程技术界的普遍重视,被誉为工业自动化领域具有革命性突破的新技术。

1. 现场总线的简单介绍

所谓现场总线是指将现场设备(如数字传感器、变送器、仪表与执行机构等)与工业过程控制单元、现场操作站等互联而成的计算机网络,具有数字化、分散、双向传输和多分支等特点,是工业控制网络向现场级发展的产物。

国际电工协会(IEC)的 SP50 委员会对现场总线有以下三点要求:

(1)同一数据链路上过程控制单元、PLC 等与数字 I/O 设备互连。

(2)现场总线控制器可对总线上的多个操作站、传感器及执行机构等进行数据存取。

(3)通信媒体安装费用较低。

SP50 委员会提出的两种现场总线结构模型如下:

(1)星形现场总线使用短距离、廉价、低速率电缆取代模拟信号传输线。

(2)总线形现场总线数据传输距离长、速率大,采用点对点、点对多点和广播式通信方式。

当前国际上具有代表性的现场总线技术与产品是 EIA – RS – 485 总线、PROFIBUS、FF、

CANBUS 与 LONWORKS 等。

2. PROFIBUS 的基本特性

PROFIBUS(process field bus)是目前最成功的现场总线之一,SIMATIC S7 采用现场总线构成的系统,具有以下优点:PLC、I/O 模块、智能化现场总线设备可以通过现场总线来连接;I/O 模块可安装在传感器和执行机构的附近;过程信号可就地转换和处理;编程仍旧采用传统的组态方式。

在西门子 PLC 系列产品中,以下系统能够连接到 PROFIBUS – DP 的现场总线的主站。

(1)使用内置的 PROFIBUS – DP 接口,采用 IF964 或 CP 342 – 5DP 接口模块的 S7 – 300/400 和 M7 300/400 的自动化系统,最大波特率是 1.5 Mbit/s。

(2)使用 IM308 – C 或降低了相应时间的 CP5430/5431 的 S5 – 115U/H、S5 – 135U、S5 – 155U/H PLC,以及 S5 – 95U/DP 主站,最大波特率为 1.5 Mbit/s。

(3)带有主机模块或接口的其他企业的 PLC。

(4)带有内置接口的编程装置,如 PG720/740/760,最大波特率为 1.5 Mbit/s。

(5)使用 CP5411/5412(A2)的 PG730/740/750/760/770,最大波特率为 12 Mbit/s。

(6)使用了带 CP5412(A2)的个人计算机,最大波特率为 12 Mbit/s。

能够连接到 PROFIBUS – DP 的现场总线的主站如下:

(1)分布式 I/O 系统中的 ET200M/ET200L/ET200C/ET200U。

(2)使用 IM308 – C 的 S5 – 115U/S5 – 135U/S5 – 155U。

(3)从机 S5 – 95U/DP,最大波特率为 1.5 Mbit/s。

(4)DP/AS – I 收发器。

(5)人机接口 MMI。

(6)现场设备,如其他制造厂商生产的驱动器、阀门、过程控制器、数控机床控制器等。

S7 – 300 可以由内置接口或 CP342 – 5DP 接口模块连接到 PROFIBUS – DP 网上。内置接口的编程参数软件在 STEP 7 中。通信模块使用 SINEC NCM 软件编程。

7.2.6 网络建立

MPI 网络的基本结构和 PROFIBUS 网络的结构相同,即建立网络有同样的规则和同样的部件。但 PROFIBUS 网络的数据传输速率大于 1.5 Mbit/s 时需要其他部件。

1. 前提条件

(1)MPI/PROFIBUS 地址

为了使所有节点能相互通信,必须在组网时为它们分配地址。在 MPI 网中,每个节点分配一个"MPI 地址"以及一个"最高 MPI 地址";在 PROFIBUS 网络中,每个节点分配一个"PROFIBUS 地址"以及一个"最高 PROFIBUS 地址"。通过编程器给每个节点单独分配 MPI/PROFIBUS 地址。

(2)MPI/PROFIBUS 编址规则

在分配 MPI/PROFIBUS 地址之前,要遵守以下规则:在 MPI/PROFIBUS 网络上,各节点的地址必须是不同的;允许的最高 MPI/PROFIBUS 地址必须大于等于实际的最大 MPI/PROFIBUS 地址,而且对所有节点应该是相同的。

2. 配置一个网络的规则

在连接网络的节点时,必须遵循以下规则:

（1）在网络的各个节点互连以前,必须为每个节点分配 MPI 地址和最高的 MPI 地址或 PROFIBUS 地址和最高 PROFIBUS 地址。

（2）"排队"连接 MPI 网络中的所有节点。

（3）如果网络上允许的节点多于 32 个,则必须通过 RS-485 中继器连接网络上的段。

（4）在段的第一个节点和最后一个节点接入终端电阻。

（5）在将一个新的节点接入网络之前,必须切断该节点的供电电压。

7.2.7 PLC 网络系统示例

随着计算机技术、网络技术的不断发展,船舶的轮机自动控制也逐步网络化,并已有了突飞猛进的发展。其中,机舱监视报警系统充分利用了现场总线技术、先进的通信技术、新一代的可编程序控制器(PLC)、高效丰富的多媒体技术等,使得该系统功能更加丰富,操作更简单,使用更灵活。

西门子公司最新一代的 SIMOS（siemens marine operating system） IMAC（integrated monitoring alarm and control system)55 集中监视报警控制系统,充分利用现代自动控制领域中先进的网络技术并加以改进,得到了很好的控制效果。

1. SIMOS IMAC 系统简介

SIMOS IMAC 55 系统是一种开放的、分散式的、模块式的船舶监视报警及控制系统。系统的核心可以被用以完成几乎所有的自动控制任务:通过控制及计算机化进行监视和报警;进行船舶管理以达到对每个局部设备及整个系统的控制管理。

2. 功能

SIMOS IMAC 55 系统的控制及监视功能对船舶无人值班系统至关重要,其功能包括监视及报警发布、电源管理、燃油系统、压载水等系统泵及阀的控制、闭环控制、应急泵自动控制、燃油消耗的记录、水箱(油箱)液位监视及容量计算、货物控制及监视、安全功能等。

从以上 SIMOS IMAC 55 系统所具备的功能可以看出,它已经不是传统意义上的监视报警系统。它不但可以完成监视和报警工作,还具备相当完善的控制功能,从而使本系统成为名副其实的"监视报警控制系统"。

3. 网络特点

SIMOS IMAC 55 系统充分利用了现代计算机及网络通信技术中的许多功能,因而具有强大的优势。它是一种开放的、基于计算机控制的交互式的船用操作系统,采用了 WINDOWS NT 作为其操作系统。

WINDOWS 是目前最流行的一种操作系统,提供了高分辨率的图形运行环境,可以用鼠标器、键盘等进行操作。IMAC 系统充分地利用了 WINDOWS 友好用户界面的优势,它可以在屏幕上同时显示多个窗口,这样操作者可以同时观看多个相关信息。其网络功能特点如下所述。

（1）丰富的系统接口

SIMOS IMAC 55 包含许多接口,可以用以在计算机之间或者基于计算机控制的系统之间进行数据交换。它可以将船用子母钟、导航系统、船舶管理系统以及卫星通信系统等联系起来,或者通过卫星系统与港口连接。更为重要的一点是,SIMOS IMAC 55 具有多终端的效能,它在先进的船舶操作方面取得了重大进展。所谓多终端的效能即船上所有的操作站都具有平等的地位,这样所实现的控制才是真正的分散式控制。

SIMOS IMAC 55 系统的这些功能的开发,得益于目前先进的接口、通信技术。西门子新型 PLC 以及工业 PC 可以方便进行相互通信,快速连接到 PROFIBUS 现场总线,信息传送速度大为提高。因为其可以使用光缆等,所以即使在干扰严重的环境中也毫无问题。

(2)可靠性、安全性、容错性及可移动性

可靠性及安全性是 SIMOS IMAC 55 的重要特点。系统中使用了 SIMATIC PLC,并在操作站中使用工业计算机,保证了系统的长期可靠性及安全性。它在结构上增加了一组冗余的数据高速公路作为系统总线和操作站的冗余连接,如图7-9所示。系统由于不再使用服务器而成为一种真正的分散系统,使得本系统具有极高的容错性。可移动性是指系统通过可以分布在全船各处的连接在数据高速公路上的可移动式工作站进行操作,操作更为灵活方便。

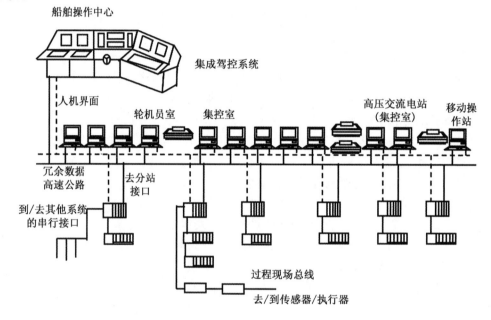

图 7 - 9   SIMOS IMAC 55 系统网络

(3)自监视性及高性能化

本系统最多可带 32 个操作站和/或可移动操作站,是真正的多终端操作。系统网络使之成为可进行本地操作、中心操作及监视的多用户系统,操作站、操作面板、控制和监视单元被安装在最方便的场所。操作站具有多服务器概念,即所有的操作站都具有等同服务器的功能。每个操作站都可以安装同样的硬件和软件。

一个操作站可以作为主操作站来协调操作站的工作。如果主操作站故障,则另一个操作站将自动替代它的工作。在重新启动故障操作站后,实际的处理数据及历史信息将被自动更新。

本系统可以接入各种传感器:开关量、模拟量、电流、电压、热电阻、热电偶、带屏蔽或带接地故障监视等。传感器的输入是通过串行接口或 PROFIBUS 现场总线网络系统完成的。

IMAC 55 系统对部件进行监视,当内部故障时会发出报警信号。另外,有图形显示系统的结构便于发现故障。

7.3 西门子工业以太网

西门子公司在工业以太网领域有着丰富的经验和领先的解决方案。其中,SIMATIC NET 工业以太网基于经过现场验证的技术,符合 IEEE 802.3 标准并提供 10 Mbit/s 和 100 Mbit/s 快速以太网技术。经过多年的实践,SIMATIC NET 工业以太网的应用已多于 400 000 个节点,遍布世界各地,适用于严酷的工业环境,包括有高强度电磁干扰的地区。

7.3.1 SIMATIC NET

西门子公司通过 SIMATIC NET 提供了开放的、适用于工业环境下各种控制级别的不同的通信系统。这些通信系统均基于国家和国际标准,符合 ISO/OSI 网络参考模型。

SIMATIC NET 包括以下内容:

①组成通信网络的媒介、媒介附件和传输组件,以及相应的传输技术。

②数据传输的协议和服务。

③用于连接 PLC 或 PC 的通信模块(通信处理器"CP")。

7.3.2 SIMATIC NET 工业以太网

1. 基本类型

(1)10 Mbit/s 工业以太网应用基带传输技术,基于 IEEE 802.3,利用 CSMA/CD 介质访问方法的单元级、控制级传输网络。其传输速率为 10 Mbit/s,其传输介质为同轴电缆、屏蔽双绞线或光纤。

工业双绞线基于 IEEE 802.3i(10Base – T)标准,其电缆有屏蔽,特征阻抗为 100 Ω,标准 RJ – 45 接头和 Sub – D 接头均可用于连接。

屏蔽双绞线 TP(twisted pair)连接常用于端对端的连接。一个数据终端设备 DTE(data terminal equipment)直接连接到网络连接元件端口,而该设备负责将信号进行放大和转发。

在 SIMATIC NET 工业以太网中,这些网络连接元件有光学连接模块 OLM(optical link module)、电气连接模块 ELM(electric link module)、光学交换机模块 OSM(optical switch module)和电气交换机模块 ESM(electric switch module)。DTE 与连接元件之间通过 TP 或 ITP(工业屏蔽双绞线)电缆连接,最远距离可以达到 100 m。

光纤(10Base – FL)基于 IEEE 802.3i(10Base – FL)标准。典型的多模玻璃光纤规格为波长 62.5 μm 及 125 μm 或 50 μm 及 125 μm。光纤连接常用于端对端的连接。一个 DTE 直接连接到网络连接元件端口,而该设备负责将信号进行放大和转发。常用网络元件为 OLM。

(2)100 Mbit/s 快速以太网基于以太网技术,传输速率为 100 Mbit/s,传输介质为屏蔽双绞线或光纤。

SIMATIC NET 产品支持快速以太网规范:100Base – TX 超 5 类 TP 线(2 对双绞线芯)的标准与 10Base – T 基本相同,网络连接元件可以是 OSM 或 ESM;100Base – FX 光缆(2 芯)的标准与 10Base – FL 基本相同,网络连接元件为 OSM。

2. 网络硬件

(1)传输介质

网络的物理传输介质主要根据网络连接距离、数据安全及传输速率来选择。通常在西门子网络中使用的传输介质包括:2 芯电缆,无双绞,无屏蔽(如 AS – interface bus);2 芯双绞线,无屏蔽;2 芯屏蔽双绞线(如 PROFIBUS);同轴电缆(如 Industrial Ethemet);光纤(如 PROFIBUS/Industrial Ethemet);无线通信(如红外线和无线电通信)。

在西门子工业以太网络中,通常使用的物理传输介质是屏蔽双绞线 TP、工业屏蔽双绞线 ITP(industrial twisted pair)和光纤。

①屏蔽双胶线

用屏蔽双绞线电缆可将 DTE 快速连接到工业以太网。TP 电缆大致分为两种,见表 7 – 2。

表 7 – 2   TP 电缆的类型

用途	SIMATIC NET 电缆	最大长度
连接电缆	TP 软线(TP Cord)电缆	A + C,最大长度为 10 m
安装电缆	FC TP 标准电缆	B,最大长度为 90 m
	FC TP 拖缆	B,最大长度为 75 m
	FC TP 船用电缆	B,最大长度为 75 m

注:表中 A、B、C 的含义见图 7 – 15。

TP Cord 电缆(图 7 – 10)通常用于低电磁干扰的环境,如办公网络或内部连线的机柜。FC TP 标准电缆常用于室内的设备连接。由于以太网的结构化布线的快速连接(FC)系统非常适用于工业现场,因而 TP Cord 电缆及 RJ – 45 连接头也被广泛应用于工业以太网。其线序如图 7 – 11 所示。通常按 T568B 接线。

图 7 – 10   TP Cord 电缆

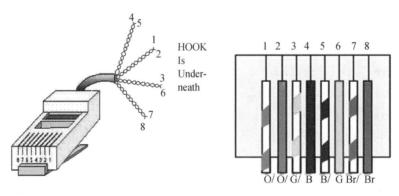

图 7 – 11   RJ – 45 线序

RJ – 45 电缆有两种连接方式:交叉连接和直通连接。交叉连接用于网卡之间或集线器之间的直接连接,如图 7 – 12 所示;直通连接用于网卡与集线器之间或网卡与交换机之间的连接,如图 7 – 13 所示。西门子交换机由于采用了自适应技术,可以自动检测线序,故连接交换机可以使用任意一种连接方式。

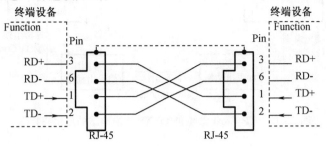

图7-12 交叉连接

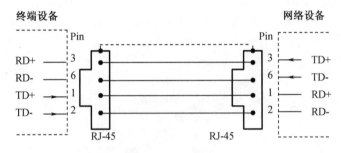

图7-13 直通连接

连接两个设备的 TP Cord 电缆最长为 10 m。在结构化布线中,如果使用两根 TP Cord 电缆,则总长度也不能超过 10 m。适配电缆可以用于连接 Sub-D 接口的设备和 RJ-45 接口的设备。

对于 FC TP 标准电缆,因为其连接距离可以达到 90 m,故通常通过使用快连插座(FC Outlet)构成主干网,从而扩展两个 RJ-45 接口设备间的连接距离。通常,TP 电缆也会有交叉连接的情况,在订货时,可以直接定购 TP XP 标准(交叉)电缆。其连线方法见西门子相关手册。TP XP 标准电缆如图7-14所示。

图7-14 TP XP 标准电缆

TP Cord 电缆和 TP XP 标准电缆的应用拓扑图如图7-15所示。

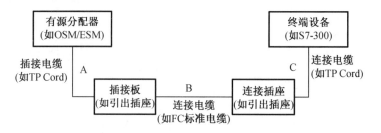

图 7 – 15　TP Cord 电缆和 TP XP 标准电缆的应用拓扑图

②工业屏蔽双绞线

标准的 ITP 电缆为 100 Ω 的屏蔽双绞线,它有白/蓝和白/橙两对双绞线。其外部包有屏蔽层和绝缘层,用于连接有 ITP 端口的以太网设备。通过 ITP 电缆连接的两个设备的最远距离为 100 m,图 7 – 16 为 ITP 电缆的结构图。

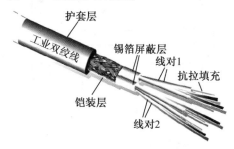

图 7 – 16　ITP 电缆的结构图

连接 ITP 时,电缆的接头有两种:9 针 Sub – D 接头(图 7 – 17)和 15 针 Sub – D 接头(图 7 – 18)。使用 Sub – D 接头的网络连接牢固、不易松动。其连线方法(如 9/15 的转换等)见西门子相关手册。同样,ITP 电缆也会有交叉连接的情况,可以直接定购 ITP XP 标准(交叉)电缆。

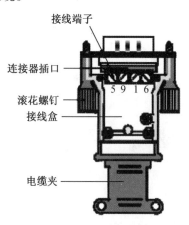

图 7 –17　9 针 Sub – D 接头

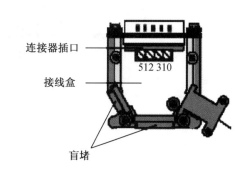

图 7 – 18　15 针 Sub – D 接头

下面介绍以太网快速连接插座(FC Outlet RJ – 45),其接口如图 7 – 19 所示。以太网的快速连接插座 FC Outlet RJ – 45 符合国际标准 ISO/IEC 11801,可以将 FC TP 电缆同 TP Cord 电缆进行转换连接。可以根据电线颜色将 FC TP 电缆插到插座对应颜色的接线端插孔,从而避免接线错误;而将 TP Cord 电缆连接至 RJ - 45 接口。其应用方法如图 7 - 15 所示。其接线端对应颜色见表 7 - 3。

图 7 - 19   FC Outlet RJ - 45 接口

表 7 - 3   FC Outlet RJ - 45 接线端对应颜色

RJ - 45 引脚号	绝缘刺穿端子		RJ - 45 引脚号	绝缘刺穿端子	
	编号	颜色		编号	颜色
1	1	黄色	3	2	白色
2	3	橙色	6	4	蓝色

③光纤

光在不同物质中的传播速度不同,因此光从一种物质射向另一种物质时,在两种物质的交界面处会发生折射和反射。折射光的角度会随入射光角度的变化而变化。当入射光的角度达到或超过某一角度时,折射光便会消失,入射光全部被反射回来,这就是光的全反射。不同的物质对相同波长的光的折射角度是不同的(即不同的物质有不同的光折射率),相同的物质对不同波长的光的折射角度也不同。现代的光纤通信运用光反射原理把光的全反射限制在光纤内部,用光信号取代传统通信方式的电信号,从而实现信息的传递。

按照制造光纤所用的材料分类,光纤有石英系光纤、多组分玻璃光纤、塑料包层石英芯光纤、全塑料光纤和氟化物光纤等。

全塑料光纤是用高度透明的聚苯乙烯或聚甲基丙烯酸甲酯(有机玻璃)制成的。它的特点是制造成本低廉,相对来说芯径较大,与光源的耦合效率高,耦合进光纤的光功率大,使用方便。但由于损耗较大,带宽较小,这种光纤只适用于短距离低速率通信,如短距离计算机网链路、船舶内通信等。目前普遍使用的是石英系光纤(玻璃光纤)。

按光在光纤中的传输模式不同,光纤可分为多模光纤和单模光纤。

多模光纤:中心玻璃芯较粗(芯径一般为 50 μm 或 62.5 μm),可传输多种模式的光。但其模间色散较大,而且随距离的增加会更加严重,这就限制了其传输数字信号的频率。例如,600 MB/km 的光纤在 2 km 时则只有 300 MB 的带宽了。因此,多模光纤传输的距离比较近,一般只有几千米。

单模光纤:中心玻璃芯较细(芯径一般为 9 μm 或 10 μm),只能传输一种模式的光,因此其模间色散很小,适用于远程通信。但其色度色散起主要作用,这样单模光纤对光源的谱宽和稳定性有较高的要求,即谱宽要窄,稳定性要好。

光纤技术只允许点对点的连接,即一个发送装置只对应一个接收装置,因而两个站点之间需要有发送和接收两根光纤进行连接。所有 SIMATIC NET 标准的光缆都是两根光纤。

光纤的连接头有很多种,如图 7 - 20 所示。每种连接头都有各自的优点,例如,ST 连接头安装简易,比较适合于现场连接(我们常说的 BFOC 连接头就是 ST 连接头);FC 连接头有一个不固定的套环,可以提供较好的机械隔离;SC 连接头适合紧密连接,其推拉设计可以避免在安装过程中光纤截面受损,应用比较普遍。在西门子的网络设备中,大多光纤链路设备使用 BFOC 接头。

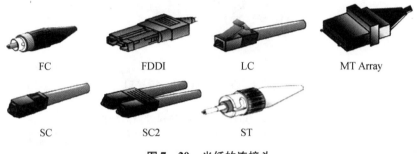

FC   FDDI   LC   MT Array

SC   SC2   ST

图 7 - 20　光纤的连接头

光纤通信应用于工业以太网的优点如下:

a. 隔离电气的站点或网段;

b. 没有电气的接地问题;

c. 没有屏蔽电流;

d. 数据传输不受外界电磁干扰影响;

e. 不受雷电的影响;

f. 不会产生电磁干扰;

g. 质量小;

h. 根据光纤的类型不同,长距离通信依然可以保持高波特率。

(2)通信处理器

常用的工业以太网通信处理器 CP(communication processer)包括用在 S7PLC 站上的处理器 CP 243 - 1 系列、CP 343 - 1 系列、CP 443 - 1 系列,以及用在 PC 上的网卡,如 CP 1613 等产品,提供了 ITP、RJ - 45 及 AUI 等以太网接口,以 10 Mbit/s 或 100 Mbit/s 的速度将 PLC 或 PC 连接至工业以太网。

①S7 - 200 系列

CP 243 - 1 是为 S7 - 200 系列 PLC 设计的工业以太网通信处理器。通过 CP 243 - 1 模块,用户可以很方便地将 S7 - 200 系列 PLC 通过以太网进行连接,并且支持使用 STEP 7 Micro/WIN 32 软件,通过以太网对 S7 - 200 进行远程组态、编程和诊断。同时,S7 - 200 也可以同 S7 - 300、S7 - 400 系列 PLC 进行以太网的连接。CP 243 - 1 还可以同 PC 上的 OPC Server 进行通信,如图 7 - 21 所示。

②S7 - 300 系列

S7 - 300 PLC 的以太网通信处理器是 CP 343 - 1 系列,按照所支持协议的不同,可以分为 CP 343 - 1、CP 343 - ISO、CP 343 - 1 TCP、CP 343 - 1 IT 和 CP 343 - 1 PN,如图 7 - 22 所

示。

图7-21　CP 243-1模块

图7-22　CP 343-1模块

CP 343-1系列支持下列通信服务：

a. S7通信和PG/OP(编程器/操作板)通信

(a) PG功能(包括路由功能)。

(b)操作面板及人机界面HMI(humsn machine interface)系统连接(监控功能)。

(c)服务器与客户端之间通过建立S7连接、双方调用S7通信功能块进行通信。

(d)作服务器端,在S7连接中无需编程即可通信。

b. S5兼容通信

(a) SEND/RECEIVE接口。

(b)通过ISO-on-TCP、TCP和UDP连接实现。

(c)通过UDP建立多点连接。

(d)通过选择IP地址,可以建立多点连接(组播模式)。

(e) FETCH/WRITE服务:作服务器端,依照S5协议,可以通过ISO、ISO-on-TCP及TCP连接实现,但CP 343-1 1EX20不支持通过ISO协议的该项服务。

(f) LOCK/UNLOCK:应用在FETCH/WRITE服务中。

c. 内部时钟

如果在网段中存在时钟源(使用NTP-Network Time Protocol,网络时间协议或SIMATIC模式),则CP内部诊断缓冲区的时钟可以被同步。

d. 通过工厂设置的MAC地址进行寻址

可以通过出厂时设置的MAC地址进行寻址来分配IP地址,支持PST功能(primary setup tool,SIEMENS的组态工具)。

CP 343-1模块特性见表7-4。

表7-4　CP 343-1模块特性

特性	说明
同时运行的连接数	最多32个
S7通信	

表7-4(续)

特性	说明
运行的 S7 通信连接数	16 个人机界面及操作面板(HMI),16 个 S7 连接(sel、rer 端),16 个 S7 连接(Server、Client),但实际的连接效果还是由 CPU 的连接资源决定
PDU(protocl data unit,协议数据单元)的数据长度 – Sending – Receiving	 –480B/PDU –480B/PDU
SEND/RECEIVE	
总连接数(ISO + ISO – on – TCP + TCP + UDP)	最多 16 个;在组播模式下,所有的 UDP 连接均可建立,只有 CP 343 –1 可以建立,ISO 连接
功能块 AG_SEND(V4.0 以上)和 AG_RECV(V 4.0 以上)的通信字节	AG_SEND 和 AG_RECV 允许传输的字节数为 1 ~ 240;对于 ISO、ISO – on – TCP、TCP 为 1 ~ 8 192 B;对于 UDP 为 1 ~ 2 048 B
UDP 的限制 传输不被确认 数据区长度 不接收 UDP 广播包	UDP 数据帧的传输不被确认,即发送块(AG_SEND)不会检测数据包的丢失情况 数据区长度最大为 2 048 B 为了避免广播风暴,CP 不允许接收 UDP 广播包

除了以上功能外,CP 343 – 1 IT 模块还提供以下额外的功能:

a. 集成 WWW Server:用户可以通过网页对 PLC 站进行访问,也可以自己装载自己的网页。

b. E – mail 客户端(SMTP):PLC 站可以以电子邮件的形式随时发送最新的 PLC 状态信息。

c. FTP(file transfer protocol,文件传输协议)客户端/服务器:PLC 可以通过 FTP 服务与上位机进行大量的数据交换。

CP 343 –1 通过 NCM IE 和 STEP 7 进行组态及诊断。

③S7 – 400 系列

S7 – 400 PLC 的以太网通信处理器是 CP 443 –1 系列,按照所支持协议的不同,可以分为 CP 443 –1、CP 443 –1 ISO、CP 443 –1 TCP 和 CP 443 –1 IT。

CP 443 –1 支持下列通信服务:

a. S7 通信和 PG/OP 通信

(a)PG 功能(包括路由功能)。

(b)操作面板及 HMI 系统连接(监控功能)。

(c)通过 S7 连接交换数据(包括冗余系统的 S7 连接)。

(d)作服务器端,在 S7 连接中无需编程即可通信。

b. S5 兼容通信

(a)SEND/RECEIVE 接口。

(b)通过 ISO、ISO – on – TCP、TCP 和 UDP 连接实现,其中 TCP 连接为每一个终端系统提供 TCP/IP 的 socket 接口。

（c）通过 UDP 建立多点连接。

（d）通过选择 IP 地址，可以建立多点连接（组播模式）。

（e）FETCH/WRITE 服务：作服务器端，依照 S5 协议，可以通过 ISO、ISO – on – TCP 及 TCP 连接实现。在这里，S7 – 400 站总是 fetch 或 write access 的服务器端，可以由 S5 或其他设备来建立连接。

LOCK/UNLOCK：应用在 FETCH/WRITE 服务中（还要根据 CPU 而定）。

c. 内部时钟

如果在网段中存在时钟源（使用 NTP 或 SIMATIC 模式），则 CP 内部诊断缓冲区的时钟可以被同步。

d. 可以通过工厂设置的 MAC 地址进行寻址

可以通过出厂时设置的 MAC 地址进行寻址来分配 IP 地址，支持 PST 功能。

CP 443 – 1 模块特性见表 7 – 5。

表 7 – 5　CP 443 – 1 模块特性

特性	说明
每个 PC 站所有可组态的连接数	最多 207 个
S7 通信	
S7 通信连接数	– ISO：最多 120 个 – TCP/IP：最多 120 个
SEND/RECEIVE	
通信连接数	– ISO：最多 120 个 – TCP/IP：最多 120 个
PDU 的数据长度 – Sending – Receiving	– 480 字节/PDU – 480 字节/PDU

同样，CP 443 – 1 IT 模块（图 7 – 23）具有 web 服务器、发送 E – mail 以及 FTP 功能。CP 443 – 1 通过 NCM IE 和 STEP 7 进行组态及诊断。

④CP 1613 通信处理器

CP 1613（图 7 – 24）是应用在 SIMAT IC PG/PC 及工作站上的以太网设备，支持 ISO 传输协议、标准 ISO 8073 和 TCP/IP RFC 1006。

CP 1613 为 PCI 总线卡件，10 Mbit/s 或 100 Mbit/s 自适应。卡上提供了 15 针的 Sub. D 接口，可以连接 AUI/ITP 设备，还提供了 RJ – 45 接口，连接 TP 电缆。

CP 1613 自带微处理器，能够独立处理 1～4 层的传送协议，提供 16MB 的双口 RAM 同主机进行数据传输。每台 PC 上最多可以有 4 块 CP 1613 同时运行。

图 7 – 23　CP 443 – 1IT 模块

图 7 – 24　CP 1613

7.4　S7 – 300/400 的以太网解决方案

前面介绍了西门子公司的工业以太网交换机,下面介绍 S7 – 300、S7 – 400 PLC 的以太网解决方案。首先来回顾一下西门子公司支持的网络协议和服务。

7.4.1　西门子公司支持的网络协议和服务

1. 西门子公司支持的网络协议和服务

网络通信需要遵循一定的协议,表 7 – 6 中列出了西门子公司不同的网络可以运行的服务。

表 7 – 6　西门子公司的网络服务

子网(subnets)	industrial ethernet	PROFIBUS	MPI
服务(services)	PG/OP 通信		
	S7 通信		
	S5 兼容通信		S7 基本(S7 basic)通信
	标准通信	DP	GD

可以看到,工业以太网上可以运行的服务有标准通信、S5 兼容通信、S7 通信和 PG/OP 通信。服务独立于网络,可以在不同网络中运行。服务中包含不同的网络协议,以适应不同的网络。

2. 标准通信

标准通信(standard communication)是运行于 OSI 参考模型第 7 层的协议,包括表 7 – 7 所示的协议。

表7-7 标准通信协议

子网(subnets)	industrial ethernet	PROFIBUS
服务(services)	标准通信	
协议	MMS ~ MAP3.0	FMS

MAP(manufacturing automarlon protocol,制造业自动化协议)提供 MMS 服务,主要用于传输结构化的数据。MMS 是一个符合 ISO/IEC 9506-4 的工业以太网通信标准。MAP3.0提供了开放、统一的通信标准,可以连接各个厂商的产品,现在很少应用。

3. S7 通信

S7 通信(S7 communication)集成在每个 SIMATIC S7/M7 和 C7 的系统中,属于 OSI 参考模型第 7 层应用层的协议,它独立于各个网络,可以应用于多种网络(MPI、PROFIBUS、工业以太网)。S7 通信通过不断地重复接收数据来保证网络报文的正确。在 SIAMTIC S7 中,通过组态建立 S7 连接来实现 S7 通信。在 PC 上,S7 通信需要通过 SAPI-S7 接口函数或 OPC(过程控制用对象链接与嵌入)来实现。

在 STEP 7 中,S7 通信需要调用功能块 SFB(S7-400)或 FB(S7-300),最大的通信数据可达 64 KB。对于 S7-400,可以使用系统功能块 SFB 来实现 S7 通信,对于 S7-300,可以调用相应的 FB 功能块进行 S7 通信。见表7-8。

表7-8 S7 通信功能块

功能块	程序块	性能描述
SFB 8/9 FB8/9	USEND URCV	无确认的高速数据传输,不考虑通信接收方的通信处理时间,因而有可能会覆盖接收方的数据
SFBl2/13 FB 12/13	BSEND BRCV	保证数据安全性的数据传输。当接收方确认收到数据后,传输才完成
SFB 14/15 FB 14/15	GET PUT	读、写通信对方的数据而无需对方编程

4. S5 兼容通信

SEND/RECEIVE 是 SIMATIC S5 通信的接口。在 S7 系统中,将该协议进一步发展为 S5兼容通信(S5-compatible communleatlon)。该服务包括表7-9 所示的协议。

表7-9 S5 兼容通信

子网(subnets)	industrial ethernet	PROFIBUS
服务(services)	S5 兼容通信	
协议	ISO transport ISO-on-TCP UDP TCP/IP	FDL

ISO 传输协议:ISO 传输协议支持基于 ISO 的发送和接收,使得设备(如 SIMATIC S5 或 PC)在工业以太网上的通信非常容易。该服务支持大数据量的数据传输(最大 8 KB)。ISO 数据接收由通信方确认,通过功能块可以看到确认信息。

TCP 协议:TCP 即 TCP/IP 中的传输控制协议,提供了数据流通信,但并不将数据封装成消息块,因而用户并不能接收到每一个任务的确认信号。TCP 支持面向 TCP/IP 的 Socket。

TCP 支持基于 TCP/IP 的发送和接收,使得设备(如 PC 或非西门子设备)在工业以太网上的通信非常容易。该协议支持大数据量的数据传输(最大 8 KB),数据可以通过工业以太网或 TCP/IP 网络(拨号网络或因特网)传输。通过 TCP,SIMATIC S7 可以通过建立 TCP 连接来发送/接收数据。

ISO – on – TCP 协议:ISO – on – TCP 提供了 S5 兼容通信协议,通过组态连接来传输数据和变量长度。ISO – on – TCP 符合 TCP/IP,但相对于标准的 TCP/IP,还附加了 RFC 1006 协议。RFC 1006 是一个标准协议,该协议描述了如何将 ISO 映射到 TCP 上。

UDP 协议:UDP(user datagram protocol,用户数据报协议)提供了 S5 兼容通信协议,适用于简单的、交叉网络的数据传输,没有数据确认报文,不检测数据传输的正确性,属于 OSI 参考模型第 4 层的协议。

UDP 支持基于 UDP 的发送和接收,使得设备(如 PC 或非西门子公司设备)在工业以太网上的通信非常容易。该协议支持较大数据量的数据传输(最大 2 KB),数据可以通过工业以太网或 TCPl/IP 网络(拨号网络或因特网)传输。

SIMATIC S7 通过建立 UDP 连接提供了发送/接收通信功能。与 TCP 不同,UDP 实际上并没有在通信双方建立一个固定的连接。

除了上述协议,FETCH/WRITE 还提供了一个接口,使得 SIMATIC S5 或其他非西门子公司控制器可以直接访问 SIMATIC S7 CPU。

7.4.2　网络连接

局域网中的节点可以通过交换机(switch)或集线器(hub)来连接。交换机相互连接构成主干网,也可以是冗余的光纤环网。网络中的所有节点均可以相互访问。

7.4.3　硬件需求和软件需求

硬件需求包括 CP 343 – 1/CP 443 – 1、PC(带以太网卡,如 CP 1613),以及以太网交换机 OSM、ESM。软件需求包括 STEP 7 V5.3 等。

7.4.4　S7 通信网络组态及参数设置

1. 新建项目

在 STEP 7 中创建一个新项目,点击右键,在弹出的菜单中选择"Insert New Object""SIMATIC 300 Station",插入 S7 – 300 站。在硬件组态"HW Config"中插入"CP 343 – 1 IT"模块,如图 7 – 25 所示。

在硬件列表中选择 CP 模块时,可以参考模块说明查看该 CP 模块所支持的协议,因为不同版本的模块功能会有所区别。

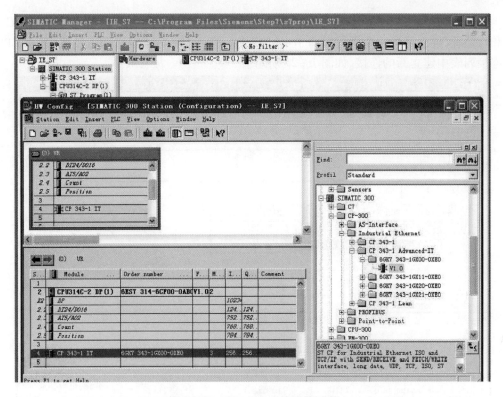

图7-25 S7-300站的硬件组态

2. 网络组态

设置CP 343-1 IT的属性:新建以太网"Ethernet(1)",因为要使用S7协议,故CP模块的IP地址和MAC地址可以同时设置,如图7-26所示。

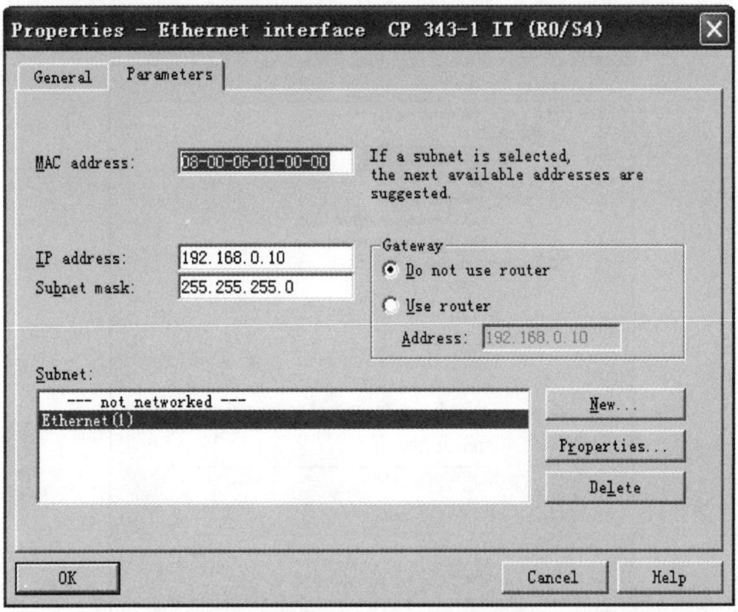

图7-26 设定CP模块地址

用同样的方法建立另一个 S7 - 300 站,CP 模块为 CP 343 - 1,设置 CP 模块的 MAC 地址和口地址,连接到同一个网络"Ethernet(1)"上。打开"NetPro"设置网络参数,选中 CPU,在连接列表中建立新的连接,如图 7 - 27 所示。

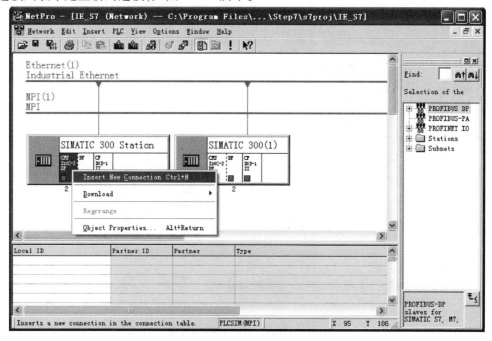

图 7 - 27　在 NetPro 中建立新的连接

在连接选项中,选择"S7 connection"(S7 连接),如图 7 - 28 所示。然后双击该连接,设置连接属性。"General"属性中块参数 ID = 1,这个参数在后面编程时会用到,如图 7 - 29 所示。

图 7 - 28　选择 S7 连接

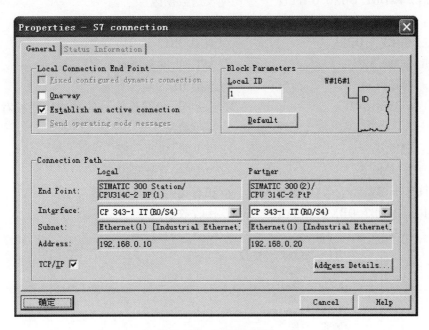

图 7 – 29　S7 连接属性

通信双方的其中一个站(本例中为 CPU 314C – 2 DP)为 Client 端,激活"Establish an active connection"选项;另一个站(本例中为 CPU 314C – 2 PtP)为 Server 端,在相应属性中不激活该选项。

如果选择"TCP/IP",则连接站之间将使用 IP 地址进行访问,否则将使用 MAC 地址进行访问。

"One – way"表示单边通信,如果选择该项,则双边通信的程序块"BSEND/BRCV"及"USEND/URCV"将不再适用,需要调用"PUT/GET"进行单边通信。

编译后存盘,这样硬件组态和网络组态就完成了。

下面的例子先介绍使用双边通信的方式。

3. 软件编程

由于选择了双边通信的方式,故在通信的双方都需要编程。

首先看 CP 343 – 1 IT 侧站的编程,程序和参数说明如图 7 – 30 所示。

图 7 – 30 中 CP 343 – 1 IT 侧调用发送/接收程序参数说明如下:

CALL　"BSEND",DB12　　　　　　//调用 DB12
REQ：= M20.5　　　　　　　　　　//上升沿触发工作
R：= M0.0　　　　　　　　　　　　//复位,终止数据交换
ID：= W#16#1　　　　　　　　　　//连接 ID
R_ID：= DW#16#1　　　　　　　　//连接号,相同连接号的功能块互相对应发送/
　　　　　　　　　　　　　　　　　　接收数据
DONE：= M0.1　　　　　　　　　　//为 1 时,发送完成
ERROR：= M0.2　　　　　　　　　//为 1 时,有故障发生
STATUS：= MW2　　　　　　　　　//状态代码

SD_1：= P#DB1. DBX0. 0 BYTE   //发送数据区

LEN：= MW10   //发送数据的长度

CALL"BRCV",DB13   //调用 DB13

EN_R：= M0. 3   //为 1 时,准备接收

ID：= W#16#1   //连接 ID

R_ID：= DW#16#2   //连接号,相同连接号的功能块互相对应发送/

      接收数据

NDR：= M0. 4   //为 1 时,接收完成

ERROR：= M0. 5   //为 1 时,有故障发生

STATUS：= MW4   //状态代码

RD_1：= P#DB2. DBX 0. 0 BYTE   //接收数据区

LEN：= MW12   //接收到的数据长度

```
CALL  "BSEND", DB12
   REQ   :=M20.5
   R     :=M0.0
   ID    :=W#16#1
   R_ID  :=DW#16#1
   DONE  :=M0.1
   ERROR :=M0.2
   STATUS:=MW2
   SD_1  :=P#DB1.DBX 0.0 BYTE
   LEN   :=MW10

CALL  "BRCV", DB13
   EN_R  :=M0.3
   ID    :=W#16#1
   R_ID  :=DW#16#2
   NDR   :=M0.4
   ERROR :=M0.5
   STATUS:=MW4
   RD_1  :=P#DB2.DBX 0.0 BYTE
   LEN   :=MW12
```

图 7 - 30　CP 343 - 1 IT 侧调用发送/接收程序

相应地,在通信对方也需调用 FB12/FB13,注意"ID""R_ID"要对应。

"ID"在网络组态时确定,而"R_ID"在编程时由用户自定义。相同"R_ID"的发送/接收能块才能正确地传输数据,如发送方的"R_ID"=2,则接收方的"R_ID"也应设为2,程序如图 7 - 31 所示。

4.下载程序及组态信息

下载程序及组态信息可以看到运行结果,如图 7 - 32 所示。

发送/接收字节数"2","R_ID"为 1 的块发送"1111",同样接收方"R_ID"为 1 的块接收到"1111";"R_ID"为 2 的块发送"2222",同样接收方"R_ID"为 2 的块接收到"2222"。

调用"SEND/RECV"是双边通信的方式,即通信双方均需要编程,一端发送,则另外一端必须调用接收程序才能完成通信。当使用"One - way"方式通信时,只需在本地侧 CPU 调用"PUT/GET",即可向通信对方发送数据或读取对方的数据。

此时,S7 连接属性中需要设定"One - way"方式,如图 7 - 33 所示。

```
CALL  FB 13 , DB13
    EN_R  :=M0.3
    ID    :=W#16#1
    R_ID  :=DW#16#1
    NDR   :=M0.4
    ERROR :=M0.5
    STATUS:=MW4
    RD_1  :=P#DB2.DBX 0.0 BYTE 100
    LEN   :=MW12

CALL  "BSEND" , DB12
    REQ   :=M20.4
    R     :=M0.0
    ID    :=W#16#1
    R_ID  :=DW#16#2
    DONE  :=M0.1
    ERROR :=M0.2
    STATUS:=MW2
    SD_1  :=P#DB1.DBX 0.0 BYTE 100
    LEN   :=MW10
```

图 7 - 31 相同"R - ID"的 CP 343 - 1 IT 侧调用发送/接收程序

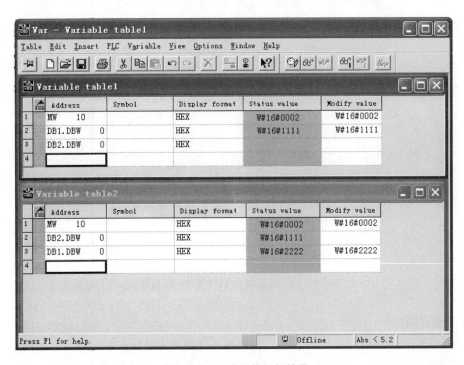

图 7 - 32 双边通信运行结果

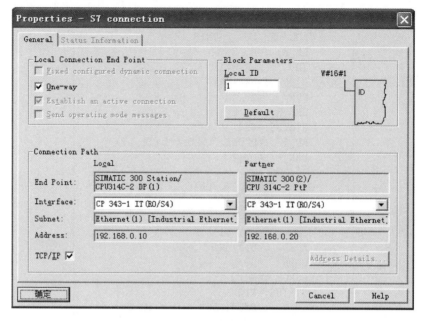

图 7 - 33 单边通信的 S7 属性设置

然后在本地侧 CPU 中调用程序块"PUT/GET",程序如图 7 - 34 所示。

```
CALL  "PUT" , DB15
 REQ   :=M20.5
 ID    :=W#16#1
 DONE  :=M50.0
 ERROR :=M50.1
 STATUS:=MW54
 ADDR_1:=P#DB1.DBX 0.0 BYTE 100
 SD_1  :=P#DB1.DBX 0.0 BYTE 100

CALL  "GET" , DB14
 REQ   :=M20.4
 ID    :=W#16#1
 NDR   :=M51.0
 ERROR :=M51.1
 STATUS:=MW56
 ADDR_1:=P#DB2.DBX 0.0 BYTE 100
 RD_1  :=P#DB2.DBX 0.0 BYTE 100
```

图 7 - 34 单边调用 PUT、GET 功能块

其参数说明如下:

CALL"PUT" , DB15   //调用 FB15

REQ: = M20.5   //上升沿触发调用功能块

ID: = W#16#1   //地址参数 ID

DONE: = M50.0   //为 1 时,发送完成

ERROR: = M50.1   //为 1 时,有故障发生

STATUS: = MW54   //故障代码

ADDR_1:=P#DB1.DBX0.0 BYTE 100　　　//通信对方的数据接收地址

SD _1:=P#DB1.DBX0.0 BYTE 100　　　//本站发送数据地址

CALL"GET",DB14　　　　　　　　　　//调用 FB14

REQ:=M20.4　　　　　　　　　　　　//上升沿触发调用功能块

ID:=W#16#1　　　　　　　　　　　　//地址参数 ID

NDR:=M51.0　　　　　　　　　　　　//接收到新数据

ERROR:=M51.1　　　　　　　　　　　//为 1 时,有故障发生

STATUS:=MW56　　　　　　　　　　　//故障代码

ADDR _1:=P#DB2.DBX0.0 BYTE 100　　//从通信对方的数据地址中读取数据

RD_1:=P#DB2.DBX0.0 BYTE 100　　　//本站接收数据地址

编译下载程序,可以看到运行结果,如图 7-35 所示。

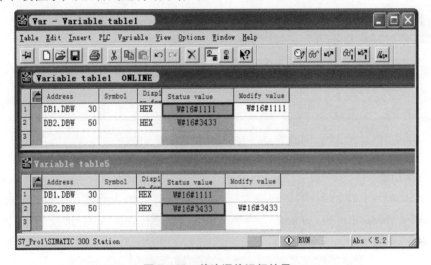

图 7-35　单边通信运行结果

本地 DB1 的数据"1111"被发送到对方站的 DB1,同样,也能得到对方站 DB2 中的数据
"3433"。

S7-400 PLC 使用 SFB8/9(USEND/URCV)、SFB12/13(BSEND/BRCV)、SFB14/15
(GET/PUT)作为通信功能块。

7.4.5　S5 兼容的通信网络组态及参数设置

1. ISO 传输协议

本例中需要支持 ISO 传输协议的 CP 模块,在选择硬件时应当注意。

(1)新建项目

在 STEP 7 中创建一个新项目:点击右键,在弹出的菜单中选择"Insert New Object"
"SIMATIC 300 Station",插入 S7-300 站,在硬件组态"HW Config"中插入"CP 343-1 IT"模
块,如图 7-36 所示。

在硬件列表中选择 CP 模块时可以参考模块说明,查看该 CP 模块所支持的协议,因为
不同版本的模块功能也会有所区别。

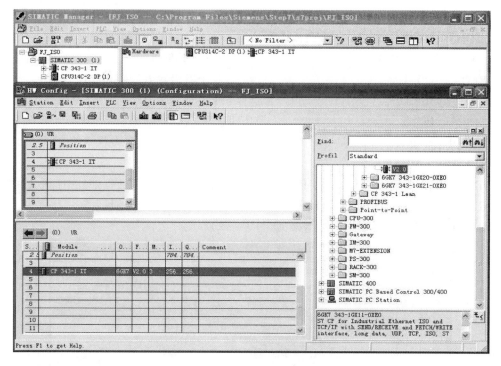

图7-36　S7-300站的硬件组态

（2）网络组态

设置 CP 343-1 IT 的属性：新建以太网"Ethemet(1)"，因为要使用 ISO 传输协议，故选择"Set MAC address/use ISO protocol"，本例中设置该 CP 模块的 MAC 地址为 08.00.06.71.6D.D0，如图7-37所示。

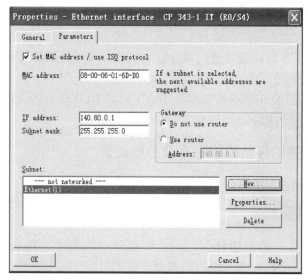

图7-37　设置CP模块的MAC地址

用同样的方法建立另一个 S7-300 站：CP 模块为 CP 343-1，设置 CP 模块的 MAC 地址，连接到同一个网络"Ethemet(1)"上。打开"NetPro"设置网络参数，选中 CPU，在连接列表中建立新的连接,如图7-38所示。

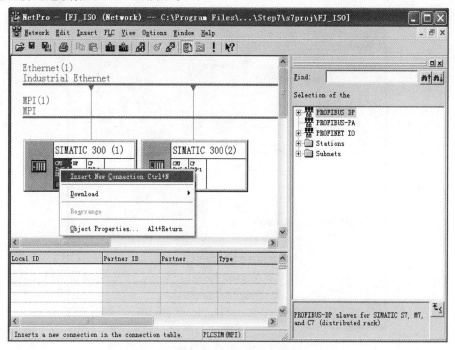

图 7-38 在 NetPro 中新建连接

在连接类型中,可以看到上面介绍的协议都可以选择,这里选择"ISO transport connection"(ISO 连接),如图7-39所示。

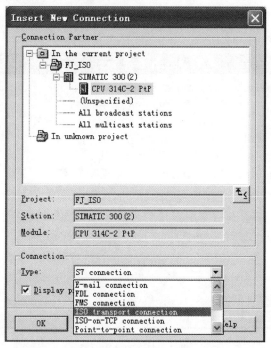

图 7-39 选择 ISO 连接

然后双击该连接,设置连接属性。"General Information"属性中块参数 ID = 1,LADDR = W#16#0100,这两个参数在后面编程时会用到,如图 7 - 40 所示。

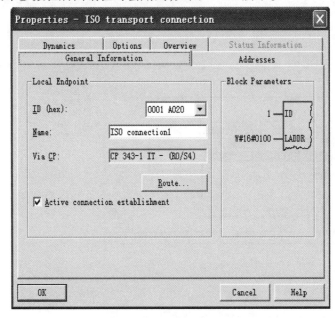

图 7 - 40　ISO 连接属性

通信双方的其中一个站(本例中为 CPU 314C - 2 DP)为 Client 端,激活"Active connection establishment"选项;另一个站(本例中为 CPU 314C - 2 PtP)为 Server 端,在相应属性中不激活该选项。

"Addresses"属性中可以看到通信双方的 MAC 地址,TSAP 可以自定义,也可以使用默认值,如"ISO - 1",如图 7 - 41 所示。

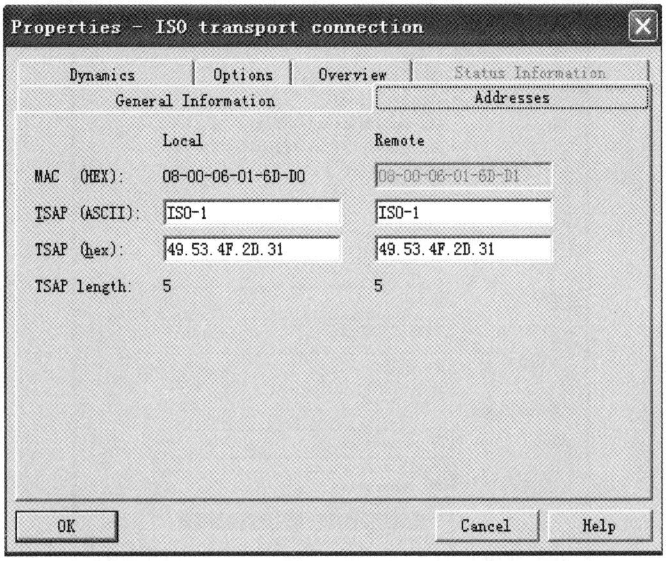

图 7 - 41　TSAP 设置

编译后存盘,这样硬件组态和网络组态就完成了。

（3）软件编程

调用"SEND/RECEIVE"功能块（FC5 AG_SEND、FC6 AG_RECV）。该功能块在指令库"Libmries – SIMATIC_NET_CP – CP 300"中可以找到。发送方调用发送功能块如图7 – 42所示。

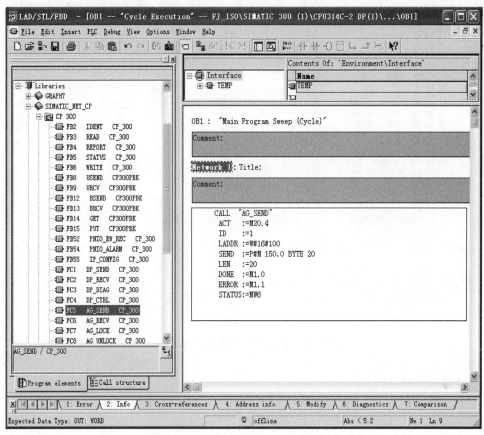

图7 – 42　发送方调用发送功能块之一

其参数说明如下：

CALL"AG SEND"	//调用 FC5
ACT：= M20.4	//触发任务
ID：= 1	//连接号
LADDR：= W#16#100	//CP 的地址
SEND：= P#M150.0 BYTE 20	//发送数据区
LEN：= 20	//发送数据的长度
DONE：= M1.0	//为 1 时，发送完成
ERROR：= M1.1	//为 1 时，有故障发生
STATUS：= MW6	//状态代码

当 M20.4 为"1"时，触发该任务，将"SEND"区中的数据发送出去，发送数据的长度应不大于数据区的长度。同样，接收方调用接收功能块如图7 – 43 所示。

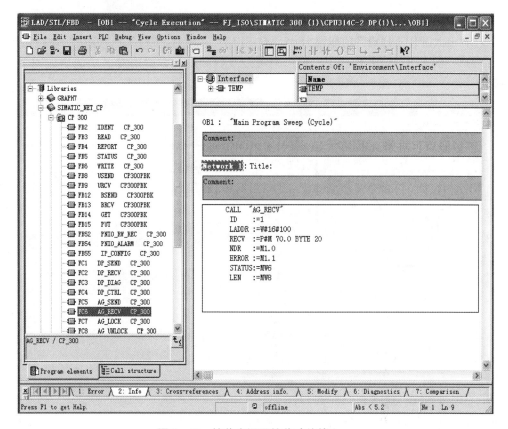

图 7 - 43　接收方调用接收功能块之一

其参数说明如下：

CALL"AG RECV"　　　　　　//调用 FC6

ID：= 1　　　　　　　　　　//连接号

LADDR：= W#16#100　　　　　//CP 的地址

RECV：= P#M 70.0 BYTE 20　　//接收数据区

NDR：= M1.0　　　　　　　　//为 1 时,接收到新数据

ERROR：= M1.1　　　　　　　//为 1 时,有故障发生

STATUS：= MW6　　　　　　　//状态代码

LEN：= MW8　　　　　　　　//接收到的数据长度

数据接收区应与发送区匹配。

(4)下载程序及组态信息

下载程序及组态信息可以看到运行结果。如发送方发送的数据为"1",则接收方接收的数据也为"1",如图 7 - 44 所示。

正常情况下,功能块 FC5 AG_SEND/FC6 AG_RECV 的最大通信数据量为 240 B。如果用户数据大于 240 B,则需要在 CP 模块的硬件属性中设置数据长度大于 240 B(最大 8 KB),如图 7 - 45 所示;如果数据长度小于 240 B,则不要激活此选项以减少网络负载。

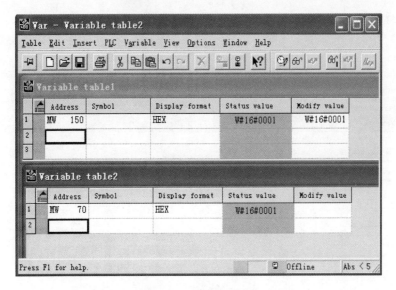

图7-44 通信运行结果

图7-45 通信数据量的设置之一

2. TCP

本例中需要支持 TCP 的 CP 模块,在选择硬件时应当注意。

(1)新建项目

在 STEP 7 中创建一个新项目:点击右键,在弹出的菜单中选择"Insert New Object" "SIMATIC 300 Station",插入 S7-300 站,在硬件组态"HW Config"中插入"CP 343-1 IT"模块,如图7-46所示。

在硬件列表中选择 CP 模块时可以参考模块说明,查看该 CP 模块所支持的协议,因为不同版本的模块的功能会有所区别。

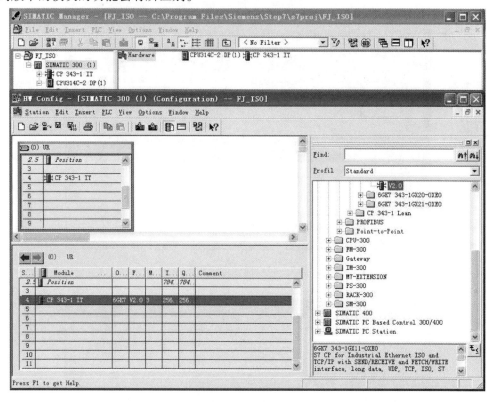

图 7-46 新建项目

(2)网络组态

设置 CP 343-1 IT 的属性:新建以太网"Ethernet(1)",因为要使用 TCP,故只需设置 CP 模块的 IP 地址,如图 7-47 所示。

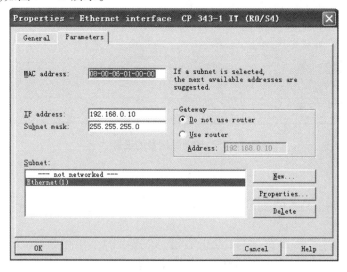

图 7-47 设定 CP 模块的 IP 地址

用同样的方法建立另一个 S7-300 站,为 CP 模块分配 IP 地址后连接到同一个网络

"Ethemet(1)"上。例如,分配 IP 地址:192.168.1.20;子网掩码:255.255.255.0。

打开"NetPro"设置网络参数,选中 CPU,在连接列表中建立新的连接,如图 7 – 48 所示。

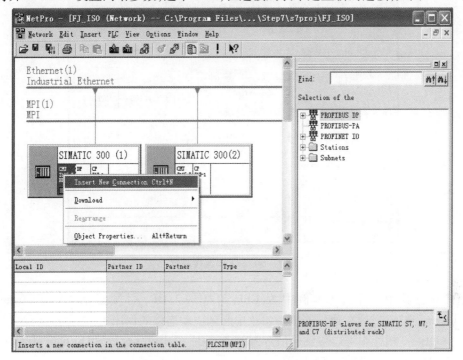

图 7 – 48　在 NetPro 中建立新的连接

在连接类型中,选择"TCP connection"(TCP 连接),如图 7 – 49 所示。

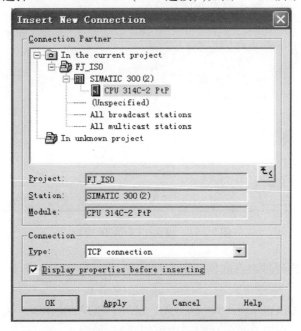

图 7 – 49　新建 TCP 连接

然后双击该连接,设置连接属性。"General Information"属性中块参数 ID = 1,LADDR =

W#16#0100,这两个参数在后面编程时会用到,如图 7 – 50 所示。

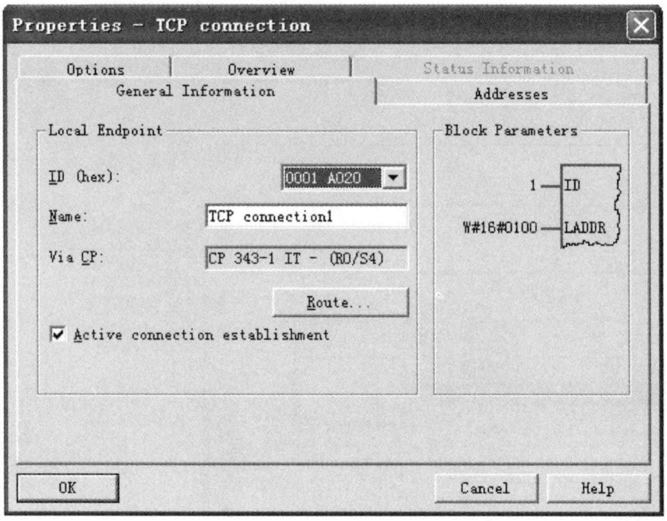

图 7 – 50 TCP 连接属性

通信双方其中一个站(本例中为 CPU 314C – 2 DP)必须激活"Active connection establishment"选项,以便在通信连接初始化中起到主动连接的作用。

在"Address"属性中可以看到通信双方的 IP 地址,占用的端口号可以自定义,也可以使用默认值(如 2000),如图 7 – 51 所示。

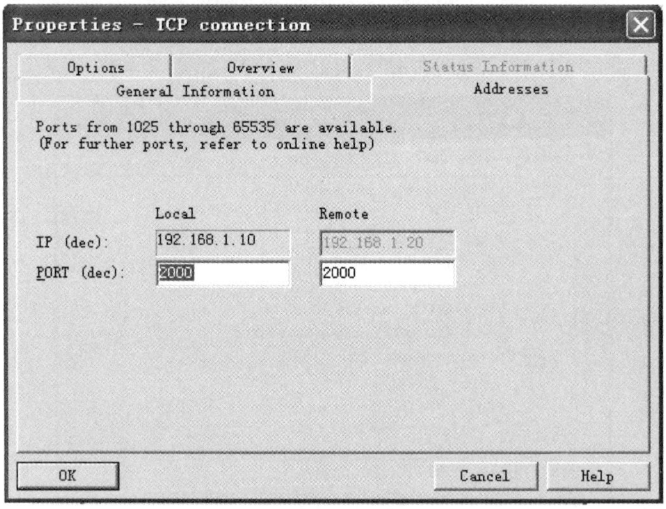

图 7 – 51 设定 TCP 的 IP 端口

编译后存盘,这样硬件组态和网络组态就完成了。

(3)软件编程

调用"SEND/RECEIVE"功能块(FC5 AG_SEND、FC6 AG_RECV),该功能块在指令库"Libraries—SIMATIC_NET_CP—CP 300"中可以找到,如图 7 – 52 所示。

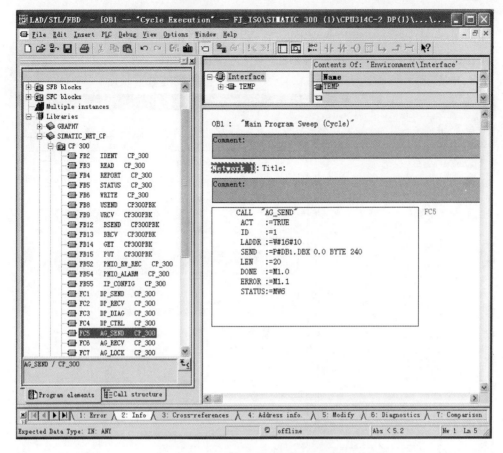

图7-52 发送方调用发送功能块之二

其参数说明如下：

CALL "AG_ SEND"	//调用 FC5
ACT：= TRUE	//触发任务
ID：= 1	//连接号
LADDR：= W#16#100	//CP 的地址
SEND：= P#DB1. DBX0. 0　BYTE 240	//发送数据区
LEN：= 20	//发送数据的长度
DONE：= M1. 0	//为 1 时,发送完成
ERROR：= M1. 1	//为 1 时,有故障发生
STATUS：= MW6	//状态代码

当 M20.4 为"1"时,触发发送任务,将"SEND"数据区中前 20 个字节发送出去,发送数据的长度不大于数据区的长度。同样,接收方调用接收功能块如图 7-53 所示。

其参数说明如下：

CALL "AG_ RECV"	//调用 FC6
ID：= 1	//连接号
LADDR：= W#16#100	//CP 的地址
RECV：= P# DB2. DBX0. 0 BYTE 20	//接收数据区

NDR: = M1.0   //为1时,接收到新数据
ERROR: = M1.1   //为1时,有故障发生
STATUS: = MW6   //状态代码
LEN: = MW8   //接收到的数据长度

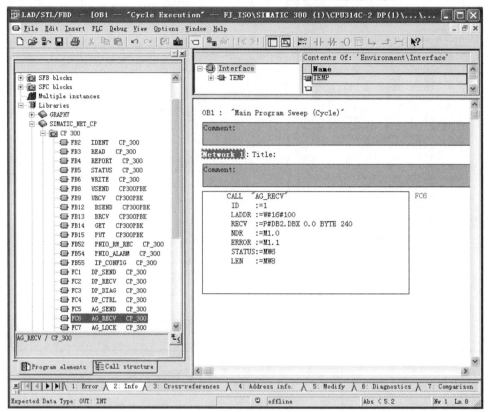

图 7 - 53   接收方调用接收功能块之二

本例中,数据接收区定义了 240 个字节,接收到的数据放在接收区前 20 个字节中。

（4）下载程序及组态信息

下载程序及组态信息可以看到通信结果,如图 7 - 54 所示。发送区发送的数据 DB1.
DBW0 中为 1234,接收区收到的数据 DB2. DBW0 中也为 1234。

正常情况下,功能块 FC5 AG_SEHD/FC6 AG_RECV 的最大通信数据量为 240 B。如果
用户数据大于 240 B,则需要在 CP 模块的硬件属性中设置数据长度大于 240 B(最大 8
KB),如图 7 - 55 所示;如果数据长度小于 240 B,则不要激活此选项以减少网络负载。

对于 S7 - 400 系统的 CP 443 - 1,建立 TCP 连接时,功能块需要调用 FC50 AG_LSEND
和 FC60 AG_LRECV。

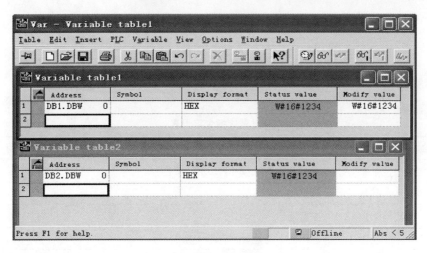

图7-54 通信运行结果之二

3. UDP 服务

UDP 服务的组态和编程方法同 TCP 基本相同,只需建立 UDP 的连接即可,这里不再详述。

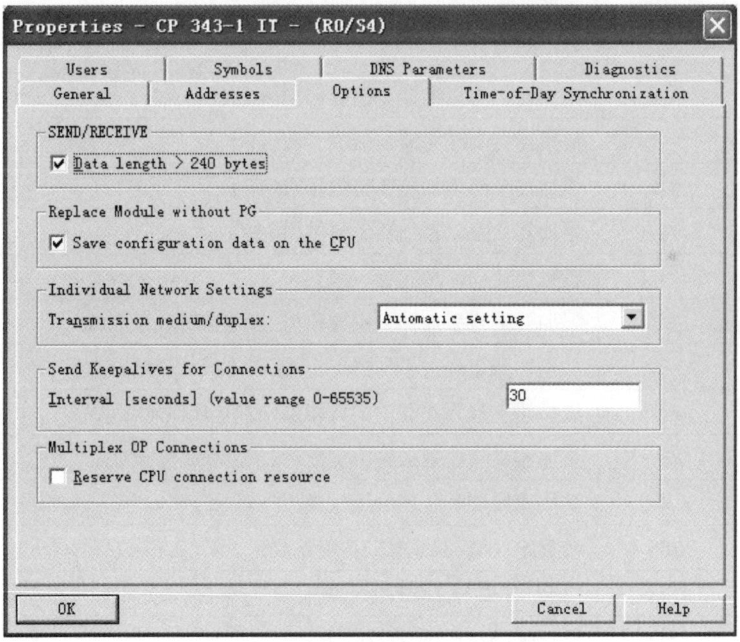

图7-55 通信数据量的设置之二

附　　录

附表　指令字母表

SIMATIC 缩写	国际缩写	全称
+	+	整数常数加法(8 位、16 位、32 位)
=	=	赋值
)	)	嵌套闭合
+ AR1	+ AR1	累加器 1 与地址寄存器 1 相加
+ AR2	+ AR2	累加器 1 与地址寄存器 2 相加
+ D	+ D	累加器 1 与累加器 2 双字整数相加(32 位)
− D	− D	从累加器 2 减去累加器 1 双字整数(32 位)
* D	* D	累加器 1 与累加器 2 双字整数相乘(32 位)
/D	/D	累加器 2 除以累加器 1 双字整数(32 位)
= =D	= =D	双字整数比较(32 位)(> 、< 、> = 、< = 、= = 、< >)
+ I	+ I	累加器 1 与累加器 2 整数相加(16 位)
− I	− I	从累加器 2 减去累加器 1 整数(16 位)
* I	* I	累加器 1 与累加器 2 整数相乘(16 位)
/I	/I	累加器 2 除以累加器 1 整数(16 位)
= =I	= =I	整数比较(16 位)(> 、< 、> = 、< = 、= = 、< >)
+ R	+ R	累加器 1 与累加器 2 实数相加(32 位 IEEE 浮点数)
− R	− R	从累加器 2 减去累加器 1 实数(32 位 IEEE 浮点数)
* R	* R	累加器 1 与累加器 2 实数相乘(32 位 IEEE 浮点数)
/R	/R	累加器 2 除以累加器 1 实数(32 位 IEEE 浮点数)
= =R	= =R	实数比较(32 位 IEEE 浮点数)(> 、< 、> = 、< = 、= = 、< >)
ABS	ABS	实数绝对值(32 位 IEEE 浮点数)
ACOS	ACOS	反余弦(32 位 IEEE 浮点数)
ASIN	ASIN	反正弦(32 位 IEEE 浮点数)
ATAN	ATAN	反正切(32 位 IEEE 浮点数)
AUF	OPN	打开一个数据块
BEA	BEU	无条件块结束
BEB	BEC	条件块结束
BLD	BLD	程序显示指示
BTD	BTD	BCD 转成双字整数(32 位)

附表(续1)

SIMATIC 缩写	国际缩写	全称
BTI	BTI	BCD 转成单字整数(16 位)
CALL	CALL	调用
CC	CC	条件调用
CLR	CLR	RLO 清零(=0)
COS	COS	余弦(32 位 IEEE 浮点数)
DEC	DEC	累加器 1 减法
DTB	DTB	双字整数(32 位)转换为 BCD 数
DTR	DTR	双字整数(32 位)转换为实数(32 位 IEEE 浮点数)
ENT	ENT	拷贝 ACCU3 至 ACCU4,拷贝 ACCU2 至 ACCU3
EXP	EXP	求指数(32 位 IEEE 浮点数)
FN	FN	下降沿
FP	FP	上升沿
FR	FR	计数器允许(计数器 C0 到 C255,FR C0 ~ C255)
FR	FR	定时器允许(定时器 T0 到 T255,FR T0 ~ T255)
INC	INC	累加器 1 加 1
INVD	INVD	双字整数反码(32 位)
INVI	INVI	单字整数反码(16 位)
ITB	ITB	16 位整数转换为 BCD 数
ITD	ITD	单字(16 位)转换为双字整数(32 位)
L	L	装载
L	L	以整数形式把当前的计数器值写入累加器 1(当前计数器号的范围为 0 ~ 255,如 L C15)
L	L	以整数形式把当前的定时器值写入累加器 1(当前定时器号的范围为 0 ~ 255,如 L T32)
L	L	把共享数据块的长度写入累加器 1(L DBLG)
L	L	把共享数据块的号写入累加器 1(L DBNO)
L	L	把背景数据块的长度写入累加器 1(L DILG)
L	L	把背景数据块的号写入累加器 1(L DINO)
L	L	把状态字写入累加器 1(L STW)
LAR1	LAR1	把累加器 1 的内容写入地址寄存器 1(如果没有指明地址)
LAR1	LAR1	把指明的地址写入地址寄存器 1
LAR1	LAR1	把地址寄存器 2 的内容写入地址寄存器 1(LAR1 AR2)
LAR1	LAR1	把双字整数写入地址寄存器 1(32 位,LAR1 P#区域字节位)
LAR2	LAR2	把累加器 1 的内容写入地址寄存器 2(如果没有指明地址)

附表(续2)

SIMATIC 缩写	国际缩写	全称
LAR2	LAR2	把指明的地址写入地址寄存器2
LAR2	LAR2	把双字整数写入地址寄存器2(32位,LAR1 P#区域字节位)
LC	LC	把当前的计数器值以BCD码形式装入累加器1(当前计数器号的范围为0~255,如LC C15)
LC	LC	把当前的定时器值以BCD码形式装入累加器1(当前定时器号的范围为0~255,如LC T32)
LEAVE	LEAVE	拷贝ACCU3到ACCU2,拷贝ACCU4到ACCU3
LN	LN	求自然对数(32位IEEE浮点数)
LOOP	LOOP	循环
MCR(	MCR(	把RLO存入MCR堆栈,开始MCR
)MCR	)MCR	把RLO从MCR堆栈中弹出,结束MCR
MCRA	MCRA	激活MCR区域
MCRD	MCRD	去活MCR区域
MOD	MOD	双字整数形式的除法,其结果为余数(32位)
NEGD	NEGD	双字整数补码(32位)
NEGI	NEGI	单字整数补码(16位)
NEGR	NEGR	实数求反(32位IEEE FP)
NOP 0	NOP 0	空操作0
NOP 1	NOP 1	空操作1
NOT	NOT	非操作(RLO取反)
O	O	或操作
O(	O(	或操作嵌套开始
OD	OD	双字或操作(32位)
ON	ON	或非操作
ON(	ON(	或非操作嵌套开始
OW	OW	单字或操作(16位)
POP	POP	ACCU1←ACCU2,ACCU2←ACCU3,ACCU3←ACCU4
PUSH	PUSH	ACCU3→ACCU4,ACCU2→ACCU3,ACCU1→ACCU2
R	R	复位
R	R	复位计数器(当前计数器号的范围为0~255,如R C15)
R	R	复位定时器(当前定时器号的范围为0~255,如R T32)
RLD	RLD	双字循环左移操作(32位)
RLDA	RLDA	带CC1位的累加器1循环左移(32位)
RND	RND	取整

附表(续3)

SIMATIC 缩写	国际缩写	全称
RND +	RND +	取整为较大的双字整数
RND −	RND −	取整为较小的双字整数
RRD	RRD	双字循环右移(32 位)
RRDA	RRDA	带 CC1 位的累加器 1 循环右移(32 位)
S	S	置位
S	S	计数值置初值(当前计数器号的范围为 0~255,如 S C15)
SA	SF	断电延时定时器
SAVE	SAVE	把 RLO 存入 BR 寄存器
SE	SD	接通延时定时器
SET	SET	RLO 置位(= 1)
SI	SP	脉冲定时器
SIN	SIN	正弦(32 位 IEEE 浮点数)
SLD	SLD	双字左移(32 位)
SLW	SLW	单字作移(16 位)
SPA	JU	无条件跳转
SPB	JC	如果 RLO = 1,则跳转
SPBB	JCB	如果 RLO = 1,则跳转,并把 RLO 的值存于状态字的 BR 位中
SPBI	JBI	如果 BR = 1,则跳转
SPBIN	JNBI	如果 BR = 0,则跳转
SPBN	JCN	如果 RLO = 0,则跳转
SPBNB	JNB	如果 RLO = 0,则跳转,并把 RLO 的值存于状态字的 BR 位中
SPL	JL	跳转到表格(多路多支跳转)
SPM	JM	如果为负,则跳转
SPMZ	JMZ	如果小于或等于 0,则跳转
SPN	JN	如果非 0,则跳转
SPO	JO	如果 OV = 1,则跳转
SPP	JP	如果大于 0,则跳转
SPPZ	JPZ	如果大于或等于 0,则跳转
SPS	JOS	如果 OS = 1,则跳转
SPU	JUO	若为无效数,则跳转
SPZ	JZ	若为 0,则跳转
SQR	SQR	求平方(32 位 IEEE 浮点数)
SQRT	SQRT	求平方根(32 位 IEEE 浮点数)
SRD	SRD	双字右移(32 位)

附表（续4）

SIMATIC 缩写	国际缩写	全称
SRW	SRW	单字右移（16 位）
SS	SS	带保持的接通延时定时器
SSD	SSD	移位有符号双字整数（32 位）
SSI	SSI	移位有符号单字整数（16 位）
SV	SE	扩展脉冲定时器
T	T	传输
T	T	把累加器 1 的内容传输给状态字（T STW）
TAD	CAD	改变累加器 1 中字节的次序（32 位）
TAK	TAK	交换累加器 1 和累加器 2 的内容
TAN	TAN	正切（32 位 IEEE 浮点数）
TAR	CAR	交换地址寄存器 1 和地址寄存器 2 的内容
TAR1	TAR1	把地址寄存器 1 的内容传输给累加器 1（如果没有指明地址）
TAR1	TAR1	把地址寄存器 1 的内容传输给累加器 1（如果指明地址）
TAR1	TAR1	把地址寄存器 1 的内容传输给累加器 2（T AR1 AR2）
TAR2	TAR2	把地址寄存器 2 的内容传输给累加器 1（如果没有指明地址）
TAR2	TAR2	把地址寄存器 2 的内容传输给累加器 1（如果指明地址）
TAW	CAW	改变累加器 1 中字节的次序（16 位）
TDB	CDB	交换共享数据块和背景数据块的内容
TRUNC	TRUNC	截尾取整
U	A	"与"操作
U(	A(	"与"操作嵌套开始
UC	UC	无条件调用
UD	AD	双字"与"（32 位）
UN	AN	与非操作
UN(	AN(	与非操作嵌套开始
UW	AW	字"与"操作（16 位）
X	X	异或操作
X(	X(	异或操作嵌套开始
XN	XN	异或非
XN(	XN(	异或非操作嵌套开始
XOD	XOD	双字异或操作（32 位）
XOW	XOW	单字异或操作（16 位）
ZR	CD	降计数器
ZV	CU	升计数器

参 考 文 献

［1］ 陈在平,赵相宾.可编程序控制器技术与应用系统设计［M］.北京:机械工业出版社,2005.

［2］ 路林吉,王坚,江龙康.可编程控制器原理及应用［M］.北京:清华大学出版社,2002.

［3］ 刘敏.可编程控制器技术［M］.北京:机械工业出版社,2004.

［4］ 宋建成.可编程序控制器原理与应用［M］.北京:科学出版社,2004.

［5］ SIEMENS S7 – 300 可编程序控制器硬件和安装手册［Z］.

［6］ SIEMENS SIMATIC S7 – 300 编程语句表［Z］.

［7］ 姜锦范,吴庚申,赵晓玲.可编程序控制器原理及应用［D］.青岛:青岛远洋船员职业学院,2002.

［8］ 赵晓玲.可编程序控制器原理及应用［M］.大连:大连海事大学出版社,2011.